L'ÉNERGIE SOLAIRE

L'ÉNERGIE SOLAIRE

comment vivre en paix avec la nature

PRÉFACE
FEDERICO MAYOR

COMPILATION ET RÉDACTION
MADANJEET SINGH

AVEC LA COOPÉRATION DE

Tapio Alvesalo (Finlande) • William H. Avery (U.S.A.)
Boris Berkovski (UNESCO) • Eric Brus (U.S.A.)
W.W.S. Charters (Australie) • Harijono Djojodihardjo (Indonésie)
Peter E. Glaser (U.S.A.) • A. Goetzberger (Allemagne)
José Goldemberg (Brésil) • Richard Golob (U.S.A.)
Martin Green (Australie) • J.C. Kapur (Inde)
René Karottki (Danemark) • Gibson Mandishona (Zimbabwe)
Even Mehlum (Norvège) • Stanford R. Ovshinsky (U.S.A.)
François Pharabod (France) • David A. Rezachek (U.S.A.)
Albert Mitjà i Sarvisé (Espagne) • Ali Sayigh (Angleterre)
Scott Sklar (U.S.A.) • Harry Tabor (Israël)
Mineo Tatsuta (Japon) • Jorge M. Huacuz Villamar (Mexique)
Jiang Xinian (Chine)

UNESCO – FRANCE LOISIRS

PROGRAMME SOLAIRE MONDIAL 1996-2005

Titre original : *The Timeless Energy of the Sun*
Éditions UNESCO
ISBN 92-3-203453-0

Traduction : Marie-Louise Baud
Révision : François Pharabod
Secrétaire d'édition : Catherine Pelché
Composition : PFC - Dole

Édition du Club France Loisirs
avec l'autorisation de M. Madanjeet Singh et l'UNESCO
ISBN : 2-7441-1495-2
N° Éditeur : 29411
Dépôt légal : février 1998

1. (page 2) En Afrique sub-sahélienne, on rend hommage à la puissance du soleil par des danses liées à la biomasse, spécialement au début de la saison des pluies et à la période des moissons. Les costumes en raphia que portent ces danseurs masqués du Mali représentent les rayons du soleil. Le rituel a pris une nouvelle dimension depuis que les danses sont exécutées devant les panneaux photovoltaïques récemment installés.

2. **La Colombe Solaire de la Paix**, *Picasso.*

Table des matières

Préface

Le développement d'une nouvelle économie énergétique basée sur des ressources différentes et durables est l'un des défis majeurs que doit relever l'humanité au seuil du vingt et unième siècle. En effet, l'industrialisation et l'escalade de la consommation des combustibles fossiles, aiguillonnées sans cesse par la demande de populations à la croissance exponentielle, qui exigent un niveau de vie toujours supérieur, polluent les océans et l'atmosphère, déciment les forêts, détériorent la couche d'ozone stratosphérique qui fait écran aux dangereuses radiations d'ultraviolets et risquent de provoquer un réchauffement planétaire. À la dégradation écologique essentiellement consécutive à l'opulence des modes de vie des pays industrialisés vient s'ajouter, dans de nombreuses régions du monde, une pauvreté sordide étroitement liée à la surpopulation et à une exploitation médiocre de l'énergie.

La nécessité d'une action internationale pour la promotion des énergies renouvelables – similaire à celle entreprise par l'UNESCO dans le cadre de son Programme solaire mondial – 1996-2005 – (adopté lors du Sommet solaire mondial d'Harare au Zimbabwe, en septembre 1996) – est d'autant plus urgente que plus de deux milliards de personnes, soit une sur trois dans le monde, sont dépourvues du strict nécessaire et vivent sans électricité. Bon nombre de ces hommes, de ces femmes et de ces enfants habitent des régions reculées ou insulaires dont l'énergie solaire est l'unique ressource. Son exploitation à l'échelle locale – par des installations photovoltaïques notamment – pourrait modifier le mode de vie de ces populations isolées, éloignées des réseaux de distribution électrique nationaux. De nombreuses communautés rurales commencent enfin à jouir des bienfaits de l'électricité qui les relie au monde extérieur grâce aux systèmes de télécommunication, à la radio et à la télévision. Les éclairages solaires installés dans les écoles et les cliniques ont amélioré la qualité des soins en matière de santé et d'éducation des enfants. D'autres sources d'énergie solaire, comme les turbines éoliennes, apportent également un mieux-être aux citadins comme aux villageois.

Les bénéfices indirects du développement des énergies renouvelables sont, en outre, loin d'être négligeables. Dans certaines zones rurales, par exemple, l'exploitation isolée et à petite échelle de l'énergie solaire – stations photovoltaïques individuelles et petite hydroélectricité comprises – a un rôle essentiel à jouer pour endiguer les migrations croissantes des paysans des régions pauvres vers les villes. Leur nature exigeant une mise en œuvre locale et communautaire, ces projets tendent à susciter la création de structures coopératives nouvelles qui vont à l'encontre de la concentration du pouvoir dans quelques mains autoritaristes et ils contribuent ainsi à l'épanouissement de la démocratie. En encourageant un progrès soutenu, basé sur un partenariat avec la nature, ils protègent l'environnement et favorisent l'émergence d'une culture de paix inséparable de la démocratie et du développement.

De nombreuses populations ont une attitude positive face à la technologie de l'énergie solaire qu'elles perçoivent comme la continuité de leurs traditions culturelles car, en effet, depuis toujours, universellement, les hommes vénèrent le soleil comme symbole de vérité, de justice et d'égalité, source de sagesse, de compassion et de conscience, guérisseur des maladies physiques et spirituelles et, surtout, source de fertilité, de croissance et de renouveau. Parce qu'elle est durable et implique une interaction positive avec l'environnement, la communauté et la paix, par le biais de l'exploitation traditionnelle de l'héliotechnologie (principale source d'énergie de l'avenir) l'énergie solaire semble toute désignée pour être le facteur de réconciliation dans le vieux divorce qui oppose science et culture.

Federico Mayor
Director-General, UNESCO, París.

3. Au Népal, l'électricité photovoltaïque du programme solaire Kodari/Tatopani éclaire le monastère bouddhiste de Tatopani qui surplombe le village chinois de Khasa, sur l'autre rive du fleuve Bagmati servant de frontière aux deux pays. L'énergie solaire y a apporté simultanément science, instruction et culture, car les lamas qui ont placé une sculpture de pierre du bodhisattva Vajrasattva (au centre) pour protéger les panneaux enseignent également l'héliotechnologie dans leur école en plein air dans l'enceinte du monastère.

4. Symbole solaire du sud de l'Inde.

6

L'énergie solaire
ou comment vivre en paix avec la nature

On trouve, dans la vie aventureuse de Mâui-Akamai, un épisode charmant qui renvoie à des mythes du solstice similaires, partagés par les cultures traditionnelles du monde entier. Il nous conte comment ce demi-dieu polynésien réussit à se rendre maître de l'énergie du soleil pour aider sa mère, Hina-a-Keahi, « Énergie du Feu », à sécher le vêtement qu'elle lui avait confectionné avec l'écorce rouie et foulée du *wauke*. Comme les jours raccourcissaient, le soleil traversait le ciel si vite que Hina-a-Keahi ne parvenait pas à faire sécher le *kapa* de son fils. Elle lui demanda donc de trouver un moyen de rallonger les journées. Solstice vient de *sol-stare*, qui signifie « arrêt du soleil ». C'est d'une mission impossible que fut investi Mâui par sa mère : réussir à contrôler l'énergie du soleil, non seulement pour elle-même, mais aussi pour sa tribu tout entière. Mâui ne sachant comment s'y prendre, Hina-a-Keahi lui conseilla de s'inspirer de l'expérience ancestrale de Mahuie, sa grand-mère, qui habitait une caverne sur le chemin menant à la Maison du Soleil, le majestueux volcan Haleakalâ.

Nombreuses sont les cultures pour lesquelles la montagne est la demeure traditionnelle du soleil. À Java, par exemple, c'est parce que « le soleil en sort » que l'on rend un culte au volcan Bojonegoro et au Sri Lanka, Saman – « l'énergie du soleil matinal » – est vénérée sur le mont Samanolakanda, également connu sous le nom de pic d'Adam. L'empereur chinois Wou-Di de la dynastie des Han (140-87 av. J.-C.) fréquentait la montagne Cheng, à l'extrême est de la péninsule Shandong, pour y adorer la puissance du soleil qui s'élève de la mer. Yama-Nokami – déité de la montagne du Japon ancien – est vénérée comme « l'énergie solaire des forêts et des animaux ». Au IIe siècle, le voyageur grec Pausanias raconte comment il contempla les autels consacrés au soleil sur la plus haute acropole de Corinthe, l'Acrocorinthe. Les nomades scythes adoraient l'énergie du feu sur les *kurgans*, des tertres voués au soleil. Dans les Andes péruviennes, Machu Picchu est assimilé au

---

5. Une jeune Vietnamienne se sert de la chaleur passive du soleil pour faire sécher ses biscuits tandis que le courant électrique lui est fourni par le soleil grâce aux panneaux photovoltaïques installés sur le toit de sa hutte.

6. Gravures sur bois de la légende du Solstice de Mâui-Akamai par Dietrich Varez. **Avec l'aimable autorisation du Bishop Museum, Honolulu, Hawaii.**

soleil, tout comme le sont les pyramides des pharaons d'Égypte et celles de Teotihuacán au Mexique qui ont emprunté aux montagnes leurs formes, toutes symboles solaires. Enfin, comme l'illustre la fameuse stèle de la Victoire du roi akkadien Narãm-Sin (2250 av. J.-C.) trouvée à Suse, en Asie centrale aussi, on rendait hommage au soleil-montagne.

Après une ascension pénible du volcan escarpé, Mâui parvient enfin à la caverne de sa grand-mère. À travers le monde, la grotte est la demeure traditionnelle du soleil. C'est bien d'elle qu'émerge Amaterasu, la déesse japonaise du soleil, pour illuminer l'univers sur le rivage à Futamigaura. Parallèlement, pour les aborigènes australiens, le soleil est une belle femme qui dort dans une grotte à « l'heure des songes » ou wongar. Les populations australo-asiatiques ont, elles aussi, des légendes qui associent le soleil aux enfers et aux grottes. En Europe, dans la tradition celte, le soleil habite une immense caverne dans laquelle chaque soir vient dormir celui que l'on nomme le Grand Sourcil. Au Pérou, les Incas pensaient que le soleil partageait une grotte avec leurs ancêtres, les Gens de l'Origine, et qu'il les en laissait sortir de temps à autre. Quant au dieu soleil des Aztèques, il cohabitait avec les racines d'un arbre au fond d'une caverne.

Lorsqu'il pénètre chez elle, Mâui trouve sa grand-mère en train de faire rôtir de roboratives bananes sur un feu pris au grand volcan Haleakalâ. C'est le petit déjeuner du soleil, que Mahuie prépare chaque matin, dès que son coq en annonce le lever. En lui présentant ses respects, Mâui la questionne quant au moyen de ralentir la course de Kalâ, le soleil. Désireuse, elle aussi, de faire sécher son *kapa,* Mahuie accepte de l'aider et, en lui remettant une solide corde, elle recommande à son petit-fils de se dissimuler parmi les racines du vieil arbre *wiliwili* voisin de sa caverne et de saisir au lasso les jambes de Kalâ dès qu'il apparaîtra sur la cime orientale du volcan.

Toutes les cultures partagent la croyance ancestrale qui veut qu'on nourrisse le soleil à l'aube ainsi

8

9

7. Le chef du village aborigène, Syd Coulthart, technicien compétent, est responsable du système photovoltaïque de 3,5 kilowatts installé dans la communauté Ukakak, dans le désert du centre de l'Australie.

8-9. Dans nombre de cultures, on « régénère » le soleil en construisant des tours en bois auxquelles on met le feu au cours des fêtes de la Saint-Jean, comme ici, à Urbes, dans la vallée alsacienne de Thann, en France.

10

qu'aux changements de saisons pour en régénérer l'énergie. À l'évidence, il y a là une analogie avec la puissance musculaire, source d'énergie primale de l'humanité, qui reste, dans la plupart des régions du monde, aussi fondamentale aujourd'hui qu'à l'âge de la pierre. Mahuie est convaincue que cesser de nourrir Kalâ chaque matin équivaudrait à affaiblir et réduire la puissance du soleil indispensable à la survie de l'humanité, puisqu'il en est l'unique source d'énergie, alimentant et reliant toute vie sur terre.

Dans la même veine, une tradition paysanne française raconte comment, épuisé par son long voyage quotidien, au crépuscule, le soleil descend dans le monde infernal pour se reposer dans la maison de sa mère qui lui prépare un repas substantiel et reconstituant afin qu'il puisse recouvrer ses forces. Comme les Aztèques du Mexique, les Romains organisaient des fêtes somptueuses en l'honneur de Mithra, leur dieu soleil, au cours des festivités du solstice d'hiver, maintenant célébré sous le nom de Noël. En Bulgarie, Pâques, un autre héritage d'une fête païenne se célèbre en partageant rituellement le pain-soleil décoré de symboles solaires avec les voisins et la famille avant de le déposer sur les tombes des ancêtres. En dépit du message attribué par le christianisme au vieux rituel solaire, la tradition est particulièrement vivace en Scandinavie, où les rites du solstice d'été se perpétuent par des feux de joie destinés à « dynamiser le soleil en péril lorsqu'il se fatigue et s'épuise » au changement des saisons.

Le symbolisme soleil/feu du coq de Mahuie, annonciateur du lever du soleil, se retrouve dans de nombreuses cultures. En Afrique, les Yorubas du Bénin croient que la cuisson d'un coq sur le feu augmente les pouvoirs de fertilité, de croissance et de renouveau de la vie liés au soleil. Dans certaines régions d'Asie centrale, on observe encore un ancien rituel byzantin qui consiste à sacrifier un coq et à raviver l'énergie solaire en allumant des feux au sommet des collines le 20 juillet, jour où, après une retraite ascétique, le prophète Élie sortit de sa caverne pour s'élever au ciel sur le chariot solaire tiré par l'énergie fougueuse de chevaux ailés. Avant son ascension, à l'instar de la mère de Mâui qui lave son *kapa* et recourt à l'énergie du soleil pour le sécher, Élie (personnage paléo-chrétien vénéré à la fois des musulmans et des chrétiens) lave son manteau de cuir, le sèche au soleil et le confie à son disciple Élisée.

10. Dans de nombreuses cultures, l'énergie solaire est symbolisée par des oiseaux mythiques comme ceux-ci, peints sur la porte de la ville de Boukhara en Ouzbékistan et datant du XVIIe siècle.

11

11. Selon une croyance des Yorubas du Bénin, analogue à celle qu'exprime un antique rituel byzantin d'Asie centrale, le sacrifice d'un coq – représenté par cette sculpture en bois – régénère le soleil. **Avec l'aimable autorisation de la Stanley Collection of African Art, Iowa City, U.S.A.**

12

Dans la tradition égyptienne, la pérennité de l'énergie solaire et du feu est symbolisée par le héron *bennu,* oiseau fabuleux de l'Antiquité classique. Aussi appelé phénix, doté d'un magnifique plumage écarlate, l'oiseau doré du soleil est censé vivre cinq cents ans au terme desquels il se confectionne un nid de rameaux aromatiques, y met le feu et se consume dans les flammes. La légende veut qu'un nouveau phénix jaillisse alors miraculeusement du brasier, et, emportant les cendres embaumées de son père dans un œuf de myrrhe doré, s'envole vers Héliopolis pour les déposer sur l'autel du Temple du Soleil. On retrouve également l'image du phénix sur les monnaies de la dernière période de l'Empire romain comme symbole de Rome, la Ville éternelle. Dans une autre région reculée du monde, une superbe sculpture aztèque représente l'énergie du soleil sous l'apparence d'un aigle, déité solaire.

Lorsque le coq se met à chanter, Mâui se précipite à l'extérieur et se dissimule derrière le *wiliwili* jusqu'à ce qu'il voie le soleil pointer au-dessus de la cime de la montagne pour commencer sa course quotidienne à travers le ciel. Mâui attend que Kalâ quitte l'horizon et s'approche de lui. Dès qu'il se trouve au-dessus de sa tête, il jaillit hors de sa cachette et, bandant ses muscles puissants, il lance alors son lasso sur le soleil. Mais on ne capture pas Kalâ aisément : le soleil a autant d'énergie que Mâui de force, et la lutte au cours de laquelle l'astre tente de s'enfuir dure longtemps.

13

12. Ce pétroglyphe de l'âge du bronze de Saimaly Tash, au Kirghizistan, est une représentation anthropomorphique du soleil qui symbolise la force musculaire.

13. Dans de nombreuses cultures, la montagne est la demeure du soleil comme le montre cette stèle honorant la victoire du roi akkadien Nãram-Sin. Trouvée à Suse, cette stèle, datant d'environ 2250 av. J.-C., est un symbole de la puissance solaire. **Avec l'aimable autorisation du musée du Louvre, Paris.**

14

15

16

14. *La nymphe Daphné implore l'aide de la terre (son père) et se métamorphose en laurier pour échapper à Apollon, le dieu grec du soleil.* **Avec l'aimable autorisation de la Galerie Borghèse, Rome.**

15-16. *Ces deux panneaux d'ivoire phéniciens du VIIIe siècle av. J.-C. illustrent l'intimité de la relation unissant le soleil et l'arbre (biomasse).* **Avec l'aimable autorisation du British Museum, Londres.**

17. *En Bulgarie, on célèbre traditionnellement la puissance du soleil en partageant le « pain solaire » décoré de symboles solaires que l'on dépose, selon le rituel, sur les tombes des ancêtres.*

18. *En Inde, dans de nombreux villages isolés du Radjasthan, on a installé des systèmes photovoltaïques dont les panneaux sont souvent transportés à dos de chameau.*

Si l'on n'avait inculqué à Mâui-Akamai une éducation traditionnelle dans le pays sacré de Kuaihelani, il n'aurait jamais réussi sa mission herculéenne : capturer le soleil. Peu après sa naissance, il avait été emmené à Kuaihelani par le vent, lorsque sa mère, Hina-a-Keahi, l'enveloppant dans une boucle de sa longue chevelure, le laissa dériver sur la mer. Là, il apprit des dieux Kâne et Kanaloa que le soleil est la source de la biomasse dispensatrice d'énergie sous la forme du *ohe* ou bambou, qu'on peut utiliser pour confectionner des cannes à pêche, pour transporter de l'eau, pour construire des paillotes et dont on peut aussi manger le cœur. À son retour chez lui, les cousins de sa mère – les oiseaux *alae* – lui livreront un secret : il est possible d'obtenir de l'énergie thermique en frottant ensemble deux surfaces de bois sec pour produire du feu. Il découvre ensuite comment l'énergie de la vapeur produite par la projection de pierres de lave chaudes dans la rivière Wailuku est plus puissante encore que celle que déploie Kuna, l'anguille géante, quand elle agite ses flots paisibles. Et lorsque, un jour, le ciel descendra si près de la terre que les hommes n'auront pratiquement plus suffisamment d'espace pour se mouvoir ou même respirer, Mâui volera à leur secours et, grâce à sa formidable puissance musculaire, protégera l'environnement en repoussant le ciel très haut, au-delà de la grande montagne Haleakalâ.

17

18

L'énergie rouge de la force musculaire

Tout comme Mâui-Akamai, n'ayant nul besoin d'exploiter le travail forcé ou obligatoire d'autres êtres humains ou d'autres groupes – qu'il s'agisse d'esclaves, de serfs, de serviteurs corvéables ou autres – les populations de l'âge de la pierre qui s'adonnaient à la chasse et à la cueillette ne comptaient, conformément aux coutumes, que sur leur propre force musculaire. Ces sociétés de chasseurs qui ont survécu jusqu'à nos jours avec les Amérindiens et les aborigènes d'Australie semblent n'avoir jamais pratiqué l'esclavage, qui ne fit son apparition que lorsque les communautés parvinrent aux stades de développement de l'âge pastoral et, plus tard, de l'agriculture.

Au fil du temps, les populations les plus favorisées par la géographie et le climat évoluèrent, passant graduellement de la chasse à un mode de vie plus sédentaire, basé sur la domestication des animaux et l'agriculture. Ce déploiement d'énergie supplémentaire, nécessaire à la transition du paléolithique au néolithique ou nouvel âge de la pierre (environ 8500 av. J.-C.) fut déterminé par les outils rudimentaires dont disposaient ces populations ainsi que par les matières premières avec lesquelles ils étaient fabriqués. Les plantes, collecteurs biologiques solaires, apportant une source d'énergie de plus, permirent à des groupes toujours plus nombreux qui croissaient et essaimaient, gouvernés et limités uniquement par le potentiel local de production d'énergie, de développer l'agriculture comme moyen de subsistance. De meilleures méthodes de culture et d'hybridation des troupeaux ainsi que la domestication des plantes et des animaux favorisèrent la prolifération de l'artisanat, d'où un nouvel excédent d'énergie libérant à son tour une partie de la population qui fut en mesure de s'adonner ensuite à des activités artisanales et artistiques.

Grâce aux progrès techniques réalisés en matière d'irrigation et d'agriculture, la taille des peuplements augmente et, avec elle, la demande d'énergie nécessaire à l'amélioration de la circulation des marchandises et des personnes. Étant parvenu à domestiquer les animaux, l'homme du néolithique les emploie pour le transport ainsi que pour la nourriture et le cuir. Vient ensuite l'exploitation des animaux de trait dont les traîneaux seront munis de patins pour le déplacement de charges plus lourdes. Ce n'est cependant qu'avec l'invention de la charrette en bois à deux roues que la transition de l'autonomie à la dépendance de la force musculaire d'autrui semble s'être produite. Conduite pour la première fois dans la vallée du Tigre et de l'Euphrate, environ 3 500 ans av. J.-C., la charrette fut initialement construite avec des roues pleines, puis avec des moyeux, des rayons et des jantes. La roue apparaît comme la réplique de l'image circulaire du disque solaire en perpétuelle rotation dans le ciel représenté par les pétroglyphes découverts sur plusieurs sites du néolithique et de la première époque de l'âge du bronze. Divers dessins montrent des roues au cercle uni ou intégrant parfois une croix centrale, voire des moyeux. Pour qu'elles soient efficaces, les roues nécessitaient des voies carrossables, et les Mésopotamiens furent probablement les pre-

***19.** Cette divinité celte en bronze, entourée du disque solaire, de la foudre et des éclairs, représente la force musculaire. Période romaine.* **Avec l'aimable autorisation du musée des Antiquités nationales, Saint-Germain-en-Laye.**

***20.** Ce disque solaire en marbre massif, appelé aujourd'hui* **Bocca della Verità**, *symbolise la puissance et la gloire de la Rome antique.* **Avec l'aimable autorisation de l'église Santa Maria in Cosmedin, Rome.**

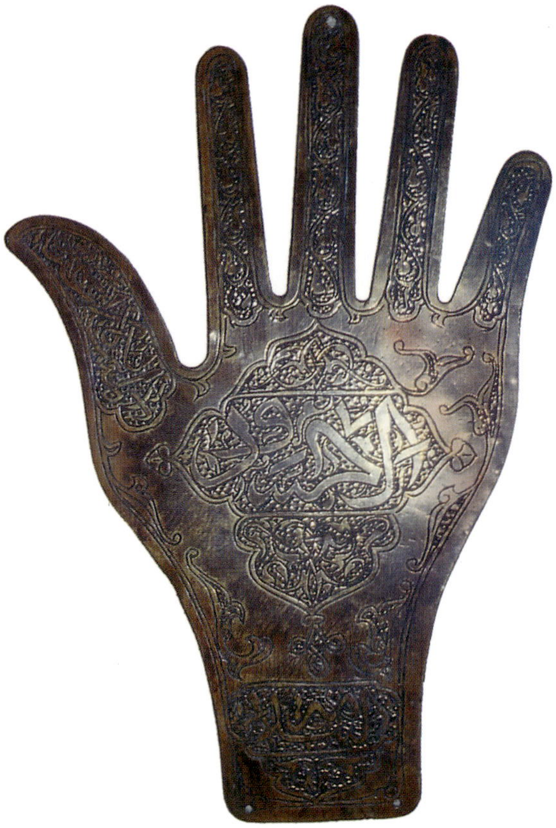

21

22

23

miers à s'occuper réellement de génie et à ouvrir une voie commerciale, de l'Empire babylonien à l'ouest jusqu'à l'Égypte au sud-ouest. Les Romains porteront plus tard cet art à un degré élevé de sophistication.

L'utilisation du feu pour la production d'oxydes métalliques est une découverte fondamentale en matière d'énergie puisqu'elle va permettre la transition de l'âge de la pierre à l'âge du métal. Dès le troisième millénaire, on façonnait déjà le fer au Moyen-Orient, bien que de façon ponctuelle et limitée car il était rare et précieux mais, environ mille ans av. J.-C., la métallurgie s'était très largement répandue, comme en témoigne la légende solaire grecque selon laquelle le dieu Prométhée déroba le soleil au forgeron Héphaïstos. Dans une tradition malienne analogue, Nommo, compagnon d'Amma, l'Être suprême, dérobe un fragment de soleil pour fournir du feu aux forgerons dogons.

Solidement harnaché, ferré et équipé d'étriers, le cheval devient l'instrument de cette révolution de pouvoir tandis que la quête de sources d'énergie supplémentaires s'intensifie. C'est grâce à une meilleure maîtrise de la puissance musculaire équine que l'on parvient à pallier la pénurie d'énergie. De bête de somme, au même titre que les bœufs, les mules, les chameaux et les ânes, le cheval acquiert un nouveau statut en devenant une source de possibilités extrêmement variées, en temps de paix comme de guerre. C'est à cheval que les nomades cosaques, scythes, sarmates, aryens, kazhars, huns, tartares et les Mongols de Gengis Khan vont conquérir les vastes steppes d'Asie centrale et les plaines d'Europe. Les puissants coursiers d'Alexandre le Grand réalisent eux aussi des exploits similaires en Inde quand le guerrier macédonien affronte les soldats kshatriens. Le char d'Hélios, dieu grec du soleil, est tiré par la force musculaire du cheval et, en Inde, selon le *Rigveda*, le chariot de la déité solaire Surya est tiré, lui aussi, par « le cheval de ce même soleil qui s'élève des eaux comme une étincelle de vie à l'aube et puis meurt au crépuscule avant que de renaître le matin suivant ».

Pourtant, la croissance démographique constante va rapidement révéler les limites de la puissance musculaire de l'animal pour satisfaire la demande énergétique correspondante. En l'absence

21. Une main de Fatma. Pour la plupart des cultures, la main tendue représentant le lever du soleil est un geste de paix et de bénédiction. **Avec l'aimable autorisation du Musée islamique de la mosquée el Aqsa, Jérusalem.**

22. Les mains et les pieds furent les premiers outils de travail fournis par la puissance musculaire de l'homme préhistorique de Néandertal.

23. Cette sculpture massive du XIIe siècle représentant un pied est couverte de symboles de l'énergie musculaire solaire. **Avec l'aimable autorisation de la Collection Mrinalini Sarabhai, Ahmedabad, Inde.**

24. La force musculaire dans quelques régions, est assistée par de nouvelles formes d'énergie solaire. Ainsi, dans ce village indonésien, 230 foyers ont été équipés de systèmes solaires individuels.

25

de techniques spécifiques, l'alternative restant la puissance musculaire humaine, différents types d'esclavage vont émerger en fonction des stades de développement de chaque société. « Les berceaux de la civilisation » (l'ancien empire d'Égypte environ 2686 – 2160 av. J.-C.) et les Babyloniens, – tout au moins à partir de la Troisième Dynastie d'Ur (environ 2100 av. J.-C.) seront parmi les premiers à pratiquer l'esclavage. Les Grecs adoptent l'esclavage dit de plantation, basé essentiellement sur l'asservissement de Barbares emmenés de force lors des conquêtes. Pendant les IIe et Ier siècles av. J.-C., à Rome, les classes élevées, immensément riches, perpétuent la coutume grecque pour l'exploitation de leurs vastes domaines. Il semblerait qu'en Espagne, à la même époque, environ 40 000 esclaves aient également travaillé dans les mines d'argent de la Nouvelle Carthage.

L'acuité du besoin d'énergie est une des raisons pour lesquelles l'esclavage va, sous une forme ou une autre, se répandre dans de nombreuses régions d'Asie. En Inde, il était d'ailleurs officiellement codifié par la religion dans les Lois de Manu (datées diversement entre le IIe siècle av. et apr. J.-C.). Il y devint, comme ce sera plus tard le cas avec l'apartheid en Afrique du Sud, un instrument d'oppression politique. Dans l'organisation traditionnelle japonaise, le manoir ou *shôen* était doté d'au moins trois catégories d'esclaves, placés sous le contrôle absolu du maître. Le servage est déjà bien implanté en Arabie lorsque, au début du VIIe siècle, le prophète Mahomet commence à prêcher la nouvelle religion et son attitude est identique à celle des Grecs, des Romains et des Églises chrétiennes : bien qu'il recommande de traiter les esclaves avec humanité, il n'en considère pas moins l'esclavage comme un mal nécessaire. Le servage est très courant en Chine durant la monarchie absolue de la dynastie Ts'in (221-206 av. J.-C.) lorsque l'empereur Che Houang Ti achève la Grande Muraille. La quantité colossale

25. Les colons européens tirèrent profit de la force musculaire de leur main-d'œuvre asservie tandis que l'énergie cinétique du vent propulsait leurs galions. **Fort Williams in Calcutta,** *huile sur toile de George Lambert & Samuel Scott, environ 1732.* **Avec l'aimable autorisation de la British India Office Library, Londres.**

26

d'énergie musculaire gaspillée sur cette barrière défensive s'avérera aussi inhumaine que la dépense énergétique des dizaines de milliers d'esclaves assujettis par les pharaons d'Égypte pour construire les grandes pyramides (environ 2686 – 2160 av. J.-C.).

Les quantités considérables d'énergie que réclament les États-nations naissants du Portugal, de la France, de l'Espagne, des Pays-Bas et de la Grande-Bretagne vont pratiquement institutionnaliser l'esclavage peu après leur découverte des routes maritimes autour de la côte méridionale de l'Afrique (1488) et de l'Amérique (1492). Dans les contrées qu'ils soumettent, les Chinois et les Indiens pratiquent le servage sous contrat et déplacent, en Asie, leurs captifs sur de grandes distances. De la même façon, on transporte d'Afrique les esclaves qui enrichiront les économies de plantation du Nouveau Monde. Les êtres humains sont pratiquement devenus des bêtes de somme et, tirant profit de leur supplément d'énergie musculaire, du XVIe au XVIIIe siècle, les colonialistes accumuleront d'énormes richesses, utilisant aussi l'énergie du vent pour transporter leurs galions dans le monde entier. C'est la Grande-Bretagne qui tira le plus grand bénéfice de cette prospérité sans précédent pour se déployer ensuite vers d'autres régions d'Europe et d'Amérique.

27

26. Le chariot de Trundholm tirant le disque solaire indique l'assimilation de l'énergie solaire à la force du cheval. Âge du bronze. **Avec l'aimable autorisation du Musée national, Copenhague.**

27. Comme le montre cette assiette en argent, la puissance musculaire du cheval est à l'origine du mythe grec du dieu Hélios conduisant son quadrige céleste. IIIe siècle av. J.-C. **Avec l'aimable autorisation du musée de l'Ermitage, Saint-Pétersbourg.**

L'énergie noire des combustibles fossiles

Au cours de la période coloniale, les Européens, confrontés à une pénurie de main-d'œuvre, se mettent en quête de sources alternatives d'énergie et de nouvelles méthodes pour réduire le travail. C'est l'utilisation du charbon qui va permettre ce processus d'évolution d'une économie agricole et artisanale vers une économie basée sur l'industrie et la fabrication mécanique laquelle s'appuiera, plus tard, sur l'exploitation du pétrole et du gaz naturel – autres formes d'énergie solaire (puisque, en effet, ils sont le produit des effets de la lumière du soleil sur des organismes vivants, produit dont la formation s'est effectuée très lentement, sur des millions d'années). Ces énergies noires non renouvelables vont, finalement, jeter les bases de la révolution industrielle.

Il semblerait que ce soit les Chinois qui aient, les premiers, extrait le charbon pour suppléer au gaz naturel et compenser le déclin de leurs réserves de bois. Dans une certaine mesure, les Romains l'ont également utilisé comme combustible. Mais, en Europe, ce ne fut qu'au XIIIe siècle que la houille devint un produit commercial au même titre que le bois qui restait le combustible essentiel pour le chauffage, la cuisson et la production de charbon. Avec la diminution des réserves de bois, en 1709, on commença à substituer le coke, extrait de la houille, à la production de charbon de bois. Cette nouvelle industrie, ajoutée à la production du gaz de ville pour l'éclairage, conduisit à un essor rapide de l'industrie du charbon, extrait sous forme de lignite, d'anthracite, de houille grasse et de charbon sous-bitumineux. Il reste aujourd'hui dans le monde environ un trillion et demi de tonnes de charbon extractibles.

Le charbon va demeurer la principale source d'énergie de la planète, de la fin du XIXe siècle jusqu'au début des années 60, au moment où le rythme accéléré des développements technologiques exige des flux d'énergie bien supérieurs à ce qu'il peut fournir. Connu des Babyloniens – bien que peu utilisé – le pétrole fait son apparition en Europe en 1640, lorsqu'un forage effectué à Modène, en Italie, permet de l'employer comme combustible pour éclairer les rues. D'autres puits de pétrole seront exploités en Roumanie en 1650. Puis, à la suite de la découverte d'un important gisement dans l'ouest de la Pennsylvanie, en 1859, l'accès à cette source d'énergie bon marché et plus efficace augmente la demande de combustibles liquides, essentiellement dévolus aux lampes à kérosène. Enfin, dans la seconde moitié du XXe siècle, l'industrie automobile, la production d'électricité, la fabrication de produits chimiques synthétiques et d'autres produits dérivés du pétrole vont susciter une demande considérable.

De 1950 à 1984, la demande mondiale en énergie quadruple, avec un pic d'augmentation entre 1960 et 1970. À cette époque, la disparition graduelle des navires alimentés au charbon en fait encore chuter la demande. La génération d'énergie électrique par le fioul commence à concurrencer les usines alimentées au charbon, et l'invention du moteur à combustion interne fonctionnel va provoquer l'augmentation rapide de la consommation de pétrole, qui doublera ensuite tous les quinze ans. Actuellement, environ

28. Le rapport entre la production d'énergie et le réchauffement du globe ajouté à la combustion des hydrocarbures, responsable de l'effet de serre, est potentiellement catastrophique. Les causes comme les conséquences des changements climatiques sont à l'échelle planétaire et requièrent une action internationale concertée prenant exemple sur les traités relatifs au contrôle des armes destinés à limiter et réduire l'arsenal nucléaire.

29. Symbole solaire chinois avec une corneille noire. Détail d'une peinture sur soie sur une bannière en forme de T trouvée dans la tombe-1, site de Ma-Wang-Tieou, Changsha, province du Hunan, Chine.

80 % de la production pétrolière mondiale est consommée en Amérique du Nord, en Europe occidentale, en Russie et au Japon, tandis que quatre pays du Moyen-Orient, l'Iran, l'Iraq, le Koweït et les Émirats arabes unis, se partagent près des deux tiers de la production mondiale avec l'Arabie Saoudite qui en fournit, à elle seule, plus de 25 %.

L'exploitation sans cesse croissante des réserves limitées de combustibles fossiles a maintenant convaincu même les plus ardents défenseurs du charbon et du pétrole que la durée de vie de ces réserves était relativement brève. En dépit de nouveaux gisements découverts de temps à autre, l'ère des combustibles fossiles ne sera plus, dans l'avenir, qu'une brève étincelle dans les cinq milliards d'années de l'histoire du monde. Bien que les gisements de charbon soient suffisants pour encore environ deux cent trente ans, si l'on tient compte des rythmes actuels de production, les réserves pétrolières mondiales connues seront épuisées dans une cinquantaine d'années. Jules Verne l'avait prédit, dès 1877, dans un livre intitulé *Les Indes noires*. Wilhelm Ostwald, prix Nobel de chimie, s'attaqua au problème en 1909 et fit remarquer, dans son ouvrage *Energetische Grundlagen der Kulturwissenschaft*, que les réserves capitalisées sous forme de combustibles fossiles ressemblaient à un héritage inespéré qui inciterait le légataire à vivre au jour le jour et à perdre de vue les principes de l'économie à long terme, sans prendre conscience du fait « qu'une consommation – même restreinte – ne fait que retarder l'épuisement du capital sans pouvoir l'éviter ».

En 1973, la crise de l'énergie, provoquée par la décision de l'Organisation des pays producteurs et exportateurs de pétrole (OPEP) d'en augmenter le prix, est une révélation : le monde prend soudainement conscience qu'il est entré dans l'âge « pétrolithique », tout entier régi par les lois tacites du prix du pétrole et des polluants. La révolution iranienne et la guerre entre l'Iran et l'Iraq provoquent une nouvelle hausse des prix en 1979, multipliant par 17 le prix de 1972, et l'invasion surprise du Koweït par l'Iraq en août 1990 vient rappeler de manière effrayante les dangers politiques et économiques que présente cette dépendance permanente pour le monde. Déjà, des signes tendent à indiquer que « l'investissement occulte » de quelque soixante milliards de dollars pour protéger les réserves de pétrole d'importance stratégique du Koweït, d'Arabie Saoudite et d'autres pays du Golfe pourrait s'avérer aussi stérile que l'argent dilapidé par l'empereur Ts'in Che Houang Ti pour la construction de la Grande Muraille de Chine, ses ennemis tartares l'ayant déjà contournée avant même qu'elle soit achevée.

Pendant la guerre du Golfe, chaque jour, des flammes implacables dévorent quelque cinq millions de barils de pétrole en dégageant plus d'un demi-million de tonnes d'effluents gazeux polluants, y compris du dioxyde de soufre, l'élément déterminant des pluies acides. Comme ce fut le cas lors du naufrage de l'*Exxon Valdez* dans la baie du Prince William au large des côtes de l'Alaska en 1989, de nombreuses marées noires polluent aussi les mers avec une horrifiante régularité, causant d'énormes dégâts économiques et écologiques.

Dans l'atmosphère polluée des villes surpeu-

30

31

plées, un nombre croissant de gens sont confrontés à des problèmes de santé et des monuments historiques qui ont traversé les siècles, comme le Colisée de Rome, le Parthénon d'Athènes et le Taj Mahal à Agra, souffrent maintenant des concentrations de plus en plus élevées de polluants gazeux ainsi que des pluies acides qui rongent gravement la pierre calcaire et le marbre avec lesquels furent construits ces édifices splendides. Partout, les gens s'alarment de voir augmenter la contamination de l'eau, la pollution atmosphérique, la déforestation par le feu, la pollution et l'érosion des sols, l'extermination des espèces et la déplétion de la couche d'ozone qui protège notre environnement en absorbant les radiations nocives d'ultraviolets.

Après des années de débats, personne ne conteste sérieusement l'augmentation de l'effet de serre consécutif à la consommation des combustibles fossiles dans les centrales, les voitures et les maisons. Leur combustion dégage du dioxyde de carbone dans l'atmosphère, provoquant une rétention de chaleur solaire supérieure à celle qu'accumule naturellement la terre. En 1988, dans un rapport au Sénat américain, James Hansen, professeur de géologie à l'université de Columbia, a déclaré que notre planète se refroidissait lentement et de manière irrégulière, la période la plus froide ayant été la petite ère glaciaire qui a duré de 1600 à 1850. Depuis le début de la révolution industrielle, la tendance à long terme s'est inversée et la terre s'est réchauffée en moyenne d'un demi-degré centigrade depuis 1850, avec une accélération depuis les années 1960. Les effets de ce réchauffement planétaire sont considérables et susceptibles d'affecter l'équilibre climatique du globe, perturbant la température qui risque de baisser dans certaines régions du monde tandis qu'elle augmenterait dans d'autres, modifiant les itinéraires habituels des tornades ainsi que les sites de moussons, aggravant la violence des orages, élevant le niveau de la mer qui inonderait de vastes portions des côtes.

La contamination radioactive causée par le stockage des déchets nucléaires constitue un danger tout aussi sérieux. Les plans du ministère de l'Énergie des États-Unis pour construire un site de stockage centralisé dans le sud-est du Nouveau-Mexique s'enlisent dans la controverse. Ce dépotoir souterrain, prévu pour stocker des déchets à faible teneur en énergie à près de 800 mètres de profondeur dans des roches salines a été décrié par les environnementalistes qui, le considérant comme un potentiel « gruyère », craignent qu'à un moment ou à un autre, en forant pour trouver du pétrole ou de l'eau, on crève la dangereuse poche de saumure radioactive qui se sera accumulée sous la formation saline. Il ne faudrait

30. Les quelque 60 milliards de dollars investis dans la guerre du Golfe ne sont qu'un exemple du « coût occulte » auquel il faut souscrire pour s'approvisionner en combustibles fossiles, lesquels présentent, de surcroît, des risques pour la santé. Témoin le syndrome de la guerre du Golfe dont souffrent encore aujourd'hui les soldats américains et leurs alliés.

31. Le réchauffement planétaire constitue une menace pour l'environnement demeuré stable pendant 10 000 ans. L'énorme désastre écologique provoqué par les effets généralisés des polluants volatiles (dioxyde de soufre inclus) qui causent les pluies acides et détruisent l'environnement ont des coûts économiques et humains qui pourraient bien dévaster les continents.

pas moins de 240 000 ans pour que ce type de déchets soit débarrassé de sa radioactivité toxique.

32

Lors du dixième anniversaire de l'accident de Tchernobyl qui vomit un nuage radioactif mortel sur toute la Russie et une grande partie de l'Europe, le gouvernement français prit, par mesure de sécurité, une initiative de mauvais augure : la distribution de pilules d'iode aux 400 000 personnes vivant dans le voisinage des usines nucléaires. Deux millions de pilules supplémentaires sont stockées à Paris dans des entrepôts en prévision d'un accident de grande envergure. Une étude du *Journal médical britannique* a récemment rapporté qu'en Normandie, les enfants jouant près d'un centre de traitement de déchets nucléaires français risquaient de développer des leucémies. Dans sa centrale de La Hague, à l'ouest de Cherbourg, la Cogéma, une société d'État, traite les déchets de plus de cinquante centrales nucléaires françaises et ceux des industries nucléaires allemande et japonaise.

À l'autre bout du monde, les Sud-Coréens ont organisé de grandes manifestations pour protester contre l'accord passé entre Taiwan et la Corée du Nord selon lequel cette dernière accepterait, en échange de dizaines de millions de dollars, le stockage de milliers de barils de déchets nucléaires provenant de Taiwan, sur un site localisé à environ 65 kilomètres de la frontière divisant le pays. Une proposition identique fut abandonnée lorsque les habitants des îles Marshall s'insurgèrent contre le dépôt de déchets nucléaires japonais dans leur pays. Plus récemment, en mars 1997, un incendie et une explosion dans une installation de recyclage de combustibles usés à Tokai (Japon) ont provoqué une levée de boucliers contre « le feu mortel de l'atome ». En phase avec la protestation

33

32. En 1995, plus de 2 500 chercheurs de la Commission intergouvernementale de l'ONU sur les changements climatiques ont conclu qu'à défaut de réduire la consommation actuelle de combustibles fossiles dérivés du carbone (houille, gaz, pétrole), la température augmenterait en moyenne de plus de deux degrés sur l'ensemble de la planète, causant une crise d'une ampleur sans précédent.

33. L'expression de désolation qu'affichent les visages de ces mineurs de charbon indiens du Bihar est caractéristique des millions de leurs semblables de par le monde. Depuis que le charbon est devenu, au XIIIe siècle, un produit commercial, leurs conditions de vie sont restées misérables.

universelle, le Parlement suédois a récemment décidé à l'unanimité de bannir l'énergie nucléaire et de faire en sorte qu'en 2010, la Suède en soit totalement dépourvue.

Trois raisons justifient le développement de technologies et de systèmes utilisant les énergies renouvelables : d'abord une demande soutenue pour davantage de production et de consommation d'énergie à l'échelle mondiale, ensuite un souci croissant face aux problèmes d'environnement, enfin le développement de nouvelles industries. Ces technologies ont, d'ores et déjà, un potentiel suffisant pour produire bien plus d'énergie que n'en réclame actuellement la planète. En outre, l'ensemble du cycle de production, de stockage et de transmission des énergies renouvelables n'a qu'un impact limité : un pour cent de celui qu'a globalement sur l'environnement la production d'énergie basée sur les combustibles fossiles. Et comme il s'agit d'un secteur de grande innovation technologique, l'émergence de nouvelles professions exigeant des qualifications spécifiques est susceptible de créer des emplois deux ou trois fois plus vite que les industries conventionnelles comparables.

Bien que les technologies des énergies propres – énergies solaire et éolienne, technologie de l'hydrogène et méthodes variées de stockage de l'énergie – ne représentent actuellement qu'une proportion minime de la production mondiale (environ 0,1 %), elles pourraient déjà s'avérer significatives à l'échelle locale dans certaines régions. Dans de nombreux endroits isolés, par exemple, les nouvelles technologies fournissent actuellement des alternatives viables et concurrentielles ou des suppléments aux formes traditionnelles de production d'énergie. Dans certaines zones, elles génèrent déjà 3 à 4 % du total de la production nationale. La capacité mondiale de production d'énergie éolienne équivaut à 6 000 mégawatts. Quant à la production d'électricité solaire et au chauffage solaire, leur puissance installée correspond respectivement à 500 mégawatts électriques et à 10 000 mégawatts thermiques.

Une évaluation sérieuse des réserves fossiles limitées et non renouvelables de charbon, pétrole et gaz naturel, ajoutée au danger de contamination radioactive que font courir les centrales nucléaires, sont parvenus à persuader même certaines compagnies pétrolières et les pays de l'OPEP d'investir davantage dans la recherche et le développement de l'énergie durable du soleil. La compagnie pétrolière britannique BP PLC a, par exemple, investi récemment vingt millions de dollars dans une usine de fabrication de piles solaires qui, selon elle, sera la plus importante et la plus sophistiquée du monde. Sa construction est prévue sur le site de Fairfield, en Californie. Les producteurs de pétrole sont parvenus à la conclusion qu'entre l'énergie solaire et le produit habituel de leur commerce, il n'y avait aucun conflit d'intérêts, spécialement dans les régions isolées, habitées par une personne sur trois dans le monde, où l'installation d'un réseau centralisé est, de toute façon, impossible. Dans tous les cas, même dans les zones urbaines à forte densité de population, les secteurs d'énergie renouvelable connectée au réseau et les secteurs d'énergie non renouvelable sont compatibles.

Récemment, plus de deux mille économistes, menés par Kenneth J. Arrow et Robert M. Solow, lauréats du prix Nobel, ont contesté la validité des propos alarmistes prétendant que la lutte contre le « réchauffement global » pourrait porter préjudice à l'industrie. Ils ont affirmé que l'investissement dans la recherche, le développement et la mise sur le marché de technologies favorables à l'environnement et d'un bon rendement énergétique ouvriraient, au contraire, la voie à de nouveaux secteurs d'opportunités économiques et commerciales. Leur point de vue est parfaitement en phase avec la croyance qui, dans la plupart des cultures, amalgame traditionnellement l'énergie du soleil à la richesse matérielle comme l'or. Le pétrole a usurpé son nom « d'or noir » et l'appellation imméritée de « houille dorée » attribuée au charbon est une insulte à l'hommage que rendaient jadis les cultures ancestrales au « métal du soleil » en même temps qu'un affront à la protection de l'environnement. Seule l'énergie durable du soleil peut prétendre à l'épithète « dorée » et elle seule est capable d'entraîner l'avènement d'un nouvel Âge d'or, synonyme d'Âge vert – stade final de la séquence âge de la pierre, du bronze, du fer.

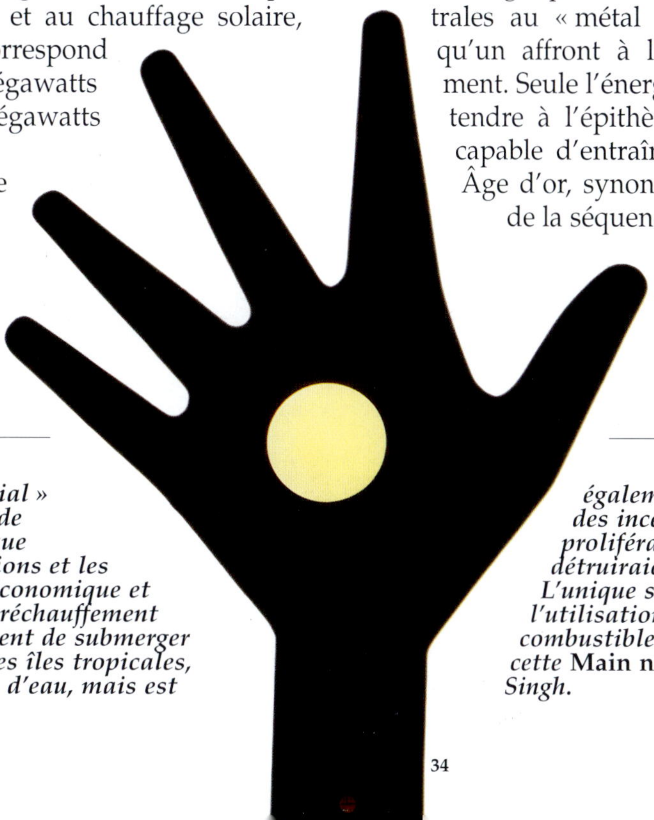

34. Dans notre « village mondial » interdépendant, la protection de l'environnement ne peut être que collective. Ce que font les nations et les individus affecte le bien-être économique et même la survie des autres. Le réchauffement planétaire menace non seulement de submerger toutes les régions côtières et les îles tropicales, tout en détruisant les réserves d'eau, mais est également susceptible de provoquer des incendies, des maladies et la prolifération d'insectes qui détruiraient les forêts et les cultures. L'unique solution serait l'arrêt de l'utilisation inappropriée des combustibles fossiles, comme le suggère cette **Main noire** *dessinée par Madanjeet Singh.*

34

L'énergie verte de la biomasse

Le totem de la sous-tribu Tau des Kenyahs d'Indonésie est un arbre, le *tau* (soleil) contre lequel on frotte une liane de *lurek* pour produire le feu – une méthode qui rappelle celle qu'utilisaient, il y a un million et demi d'années, les populations du Vieux Monde tropical et subtropical. Dans plusieurs pays d'Afrique, on perpétue encore l'ancien rituel qui consiste à frotter l'un contre l'autre le bois à brûler « mâle et femelle » pour en faire jaillir le feu. La pratique japonaise voulant qu'on abatte un arbre sacré sur le versant d'une montagne en traînant le tronc en bas jusqu'au village et en le dressant comme un pilier sacré, le *mi-hashira*, n'est pas sans rappeler l'ancien festival de la fertilité (lié à la biomasse), dédié à Cybèle, la montagne-mère gréco-romaine. Pour elle, on abattait un pin, auquel on rendait un culte ainsi qu'à son amant Attis. En Serbie et en Russie, mais aussi chez les Slaves riverains de l'Elbe, l'énergie du soleil est assimilée aux vieux arbres. Les Aztèques croyaient que c'est de la racine d'un arbre que surgissaient leurs dieux du soleil. Dans un rituel indien, on suspend sur des vieux arbres des poupées colorées représentant toutes les étapes de la vie. La fameuse icône bouddhiste de Maya Devi est une nativité du Bouddha montrant sa mère appuyée contre un arbre – une tradition vieille de deux mille ans remémorée par le rituel Dohda encore pratiqué dans de nombreuses régions d'Inde fondé sur la croyance selon laquelle la saison des moissons ne peut commencer que si une vierge frappe un arbre du pied pour le faire fleurir à l'aurore.

Bio signifiant la vie, la bioénergie est donc l'énergie extraite des organismes vivants. Le terme biomasse fait référence au matériau à partir duquel on obtient la bioénergie. La biomasse est produite par les radiations du soleil à partir de la photosphère – sa surface lumineuse située à quelque 149 millions de kilomètres de la terre – qui transforme l'hydrogène en hélium à une température et une pression extrêmement élevées. Captée sous forme de lumière par les feuilles vertes des plantes, cette énergie est transformée en énergie chimique végétale. L'origine ultime de quasiment toutes les matières premières organiques est la conversion de la lumière solaire, de l'eau et de l'acide carbonique en hydrate de carbone et en oxygène par les plantes et les algues capables de photosynthèse. L'énergie chimique des éléments organiques est libérée directement par la combustion mais ces éléments peuvent également être convertis en combustibles

37

35

35. Partout dans le monde, le rythme de consommation de la biomasse est plus rapide que celui de sa reproduction. La végétation luxuriante de l'île malaysienne de Piamanggil, en mer de Chine méridionale, était sérieusement menacée jusqu'à ce que les femmes commencent à utiliser du biogaz comme combustible et des appareils électroménagers alimentés par un circuit photovoltaïque de 10 kilowatts, installé il y a environ cinq ans.

36. Le soleil est la demeure du dieu védique Vishnu, protecteur de la vie, et de son épouse Lakshmi, la déesse de la bonne fortune. Miniature indienne de 1725. **Avec l'aimable autorisation du musée Bharat Kala, Varanasi, Inde.**

37. Partout la saison des moissons est l'occasion de réjouissances. Les jupes de raphia de ces danseuses polynésiennes assimilent la biomasse aux rayons du soleil.

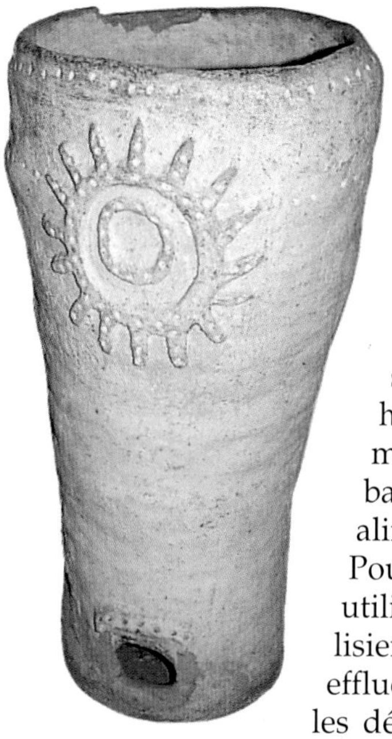

38

variés pour un usage ultérieur, d'où le terme de « houille verte ». Ainsi, la maîtrise de l'énergie de la biomasse constitue, en fait, un moyen d'exploiter les « collecteurs solaires de la nature », autrement dit les végétaux. Les hommes et les animaux utilisent cette énergie lorsqu'ils consomment des matières végétales.

Quand les déchets animaux sont transformés en combustibles gazeux, le lisier est décomposé par des bactéries dans un processus anaérobique (en absence d'oxygène). Le gaz produit est brûlé pour générer de l'électricité ou pour le chauffage domestique. La biomasse peut également être traitée avec des produits chimiques, transformée par des micro-organismes ou soumise à de hautes pressions et températures pour produire des liquides, des gaz et des solides capables de remplacer les combustibles dérivés du pétrole.

Ce sont les plantes en croissance ou les résidus agricoles comme les arbres, l'herbe, la paille, les tiges, les rafles, les bogues, les épis, les déjections séchées des animaux, le lisier, les plantes marines et même les ordures qui constituent la biomasse. Jusqu'au début du XVIIIe siècle, ces divers éléments étaient la principale source d'énergie dans le monde, et, pour le chauffage et la cuisson, ils le sont encore dans de nombreux pays où d'autres combustibles font défaut. Pour plus de la moitié de la population mondiale dont il chauffe les maisons et cuit la nourriture, le bois reste la première source d'énergie. Les matériaux qui en sont dérivés s'utilisent également, de plus en plus, pour alimenter les centrales électriques dans les pays en développement et dans les pays industrialisés. Les produits agricoles tels que le maïs, la mélasse de canne à sucre, les résidus agricoles, et les cultures énergétiques spécifiques peuvent être soit employés pour produire de la chaleur, soit convertis en liquides ou en gaz utilisables comme carburant pour le transport. Les gaz dégagés par la décomposition de la biomasse peuvent être collectés et utilisés comme combustible.

Le biogaz est produit lors de la digestion par les bactéries de déchets animaux ou d'autres produits organiques en l'absence d'oxygène, par exemple si les déchets ont été enterrés, ou dans le système digestif des humains et des autres mammifères, quand les bactéries décomposent les aliments dans les intestins. Pour produire du biogaz utilisable, on mélange le lisier des animaux et/ou les effluents d'égouts, et parfois les déchets alimentaires, à de l'eau, que l'on remue et que l'on chauffe ensuite sous vide à l'intérieur d'une cuve appelée digesteur, fermentateur, réacteur ou encore méthaniseur. Le biogaz est composé de plusieurs gaz : méthane, dioxyde de carbone, hydrogène sulfuré et vapeur d'eau, mais seul le méthane est inflammable. Une tonne de déchets alimentaires produit environ 85 mètres cubes de biogaz composé approximativement de 60 % de méthane, le reste étant essentiellement du dioxyde de carbone. Le biogaz est un combustible de grande qualité, excellent pour la cogénération de chaleur et d'électricité. C'est un combustible neutre par rapport aux émissions de CO_2 qui peut être utilisé comme substitut au combustible fossile. En outre, la fermentation du lisier et des déchets organiques produit des émissions de méthane plus faibles qu'il s'en produit ordinairement dans les cuves ouvertes et les décharges publiques. Les installations de production de biogaz sont parfaitement adaptées au traitement du lisier liquide et des déchets industriels, utilisables ensuite comme engrais agricoles. La récupération du lisier pour la production de biogaz contribue à la réduction de la pollution par les nitrates. L'azote piégé dans des liaisons organiques est minéralisé et devient accessible aux plantes, ce qui conduit à une meilleure utilisation et à une réduction des infiltrations.

Ce processus, lent et complexe, ne peut s'effectuer que sous certaines conditions : plus la température est élevée, plus la fermentation et la production de biogaz sont rapides. En revanche, lorsque la température est inférieure à 10 degrés, si elle se produit

38. Récipient hittite couvert de symboles solaires récemment découvert en Turquie. Servait à conserver les céréales. XVIIe siècle av. J.-C.

39. Dans nombre de cultures, les vieux arbres sont vénérés comme des ancêtres. En Inde, dans un rituel de protection de la biomasse, les fidèles du Radjasthan y suspendent des poupées multicolores. Ces fidèles fondèrent le mouvement **chipko** *d'étreinte des arbres il y a quelque 250 ans alors que dans leurs villages, leurs compagnons résistaient vaillamment aux soldats du maharadjah de Jaipur venus pour abattre les arbres. Cette armée tailla en pièces 363 Bishnoïs ainsi que leur héroïque instigatrice, Amrita Devi.*

40

– ce qui n'est pas toujours le cas – la production de biogaz est considérablement ralentie, alors qu'au-dessus de 65 degrés, seules de très rares espèces de bactéries sont capables de survivre. Plus le temps imparti au développement du processus est long, plus complète sera la fermentation et plus on obtiendra de biogaz. En plus des gaz qu'elle génère, la fermentation des matières organiques les réduit en une sorte de boue résiduelle riche en éléments nutritifs, ce qui en fait des engrais particulièrement efficaces et rentables.

Le Danemark produit annuellement 23,3 millions de mètres cubes de biogaz en méthanisant plus de 500 000 tonnes de lisier liquide et 140 000 tonnes de déchets industriels. L'énergie électrique obtenue chaque année à partir de ce biogaz représente environ 15 000 mégawattheures. Constituées d'éleveurs individuels ou regroupés en associations, les coopératives jouent déjà un rôle non négligeable dans la propagation de la technologie du biogaz. 2 000 porcheries importantes seraient en mesure d'en intégrer la production à leur système de traitement du lisier et de cogénérer simultanément du chauffage et de l'électricité. Ces dernières années, plusieurs usines ont doublé, voire triplé leur production de gaz en ajoutant au lisier liquide d'autres déchets organiques comme les résidus de pêcheries, de laiteries, d'abattoirs, d'ordures ménagères ou la boue résiduelle des usines d'épuration des égouts.

Dans les fermes danoises, on recourt actuellement à deux systèmes de production de biogaz : les usines centralisées organisées en coopératives d'une part, et les réacteurs privés adjacents aux exploitations individuelles d'autre part. Dans le premier cas, collecté par camion dans les fermes sur un rayon d'une dizaine de kilomètres, le lisier est envoyé aux digesteurs dont les capacités varient entre 600 et 7 600 mètres cubes. Le fumier est fermenté, stocké, puis restitué aux fermes individuelles sous forme d'engrais. Le biogaz est souvent amené par des canalisations jusqu'à la ville la plus proche où il alimente une usine de cogénération de chaleur et d'électricité. Il existe une quinzaine de

40. Dans le monde entier, l'usage de la matière plastique est extrêmement répandu pour conserver la chaleur passive dans les serres. Ici, l'intérieur d'une serre à l'Institut de recherche agronomique de Nicosie, à Chypre.

41

coopératives de biogaz de cette nature, composées de 30 à 40 éleveurs chacune. Outre la production de biogaz, certaines d'entre elles s'intéressent actuellement aussi aux cultures énergétiques produisant de l'huile de colza et de l'alcool. Dans les fermentateurs individuels, le lisier est méthanisé sur place et le gaz est utilisé dans une unité de cogénération qui alimente en chauffage la maison et les étables. L'excédent est vendu aux compagnies électriques.

C'est à la croissance des grandes villes que l'on doit le développement des incinérateurs de déchets. Cette méthode constitue un moyen efficace d'en réduire la masse en cendres, faciles à transporter et souvent utilisables. Une décharge municipale contient une grande diversité de matériaux combustibles exigeant un traitement spécifique avant incinération et, dans de nombreuses agglomérations, l'utilisation de ces incinérateurs est maintenant réglementée par les agences de contrôle de la pollution de l'air. Ainsi, on peut retraiter les détritus volumineux en en réduisant la masse avec des déchiqueteurs, des broyeurs et des concasseurs. Les ordures toxiques et à risque (comme les poussières très volatiles et les liquides inflammables) sont généralement détruites dans des usines de traitement spécifiques. L'utilisation des incinérateurs permet, grâce à la chaleur dégagée par leurs chaudières, de produire de la vapeur exploitable pour le chauffage, la génération d'électricité et les processus industriels.

Un système de cogénération de chauffage et d'électricité de 30 mégawatts installé dans le Sud-Est londonien convertit annuellement 420 000 tonnes d'ordures solides en électricité suffisant à l'alimentation d'environ 50 000 foyers. Extrêmement économique, cette centrale de transformation des ordures en énergie fut mise en service au début de l'année 1994. C'est un modèle de sophistication technologique en matière d'incinération. Des camions déchargent les ordures dans un entrepôt clôturé d'où elles sont transférées dans deux flux d'incinération par des portiques. Toutes les heures, 29 tonnes sont déversées dans les chau-

41. L'extrême sud de la péninsule japonaise de Satsuma est une région de floriculture. On y cultive de nombreuses variétés de fleurs.

42. (Pages suivantes) V. Van Gogh : **Jardins potagers à Montmartre : la Butte Montmartre, moulin de la Galette.** *Huile sur toile (Paris, 1887).* **Avec l'aimable autorisation du musée Van Gogh, Amsterdam.**

Vincent

42

43

44

45

dières. L'air de combustion est aspiré au-dessus de l'aire de stockage d'ordures afin de canaliser les effluents odorants. La vapeur à haute pression entraîne un turboalternateur unique et les fumées sont nettoyées par un épurateur à chaux, des filtres et du carbone activé avant d'être libérés dans l'atmosphère par une cheminée haute de 100 mètres. Ce processus neutralise les acides, retient les poussières et extrait les dioxydes et les métaux lourds. Des condensateurs à air refroidissent la vapeur à l'échappement et l'eau chaude produite est distribuée aux quelque 7 500 maisons et écoles alimentées par le réseau de chauffage urbain.

On recycle ainsi les métaux, le verre et le papier tandis que les déchets organiques sont transformés en compost et retournés au sol ou aux réacteurs pour produire du méthane. Dans l'ouest de l'Allemagne, près d'un quart des décharges publiques produisent du courant à partir de l'énergie de la biomasse, tandis qu'en Grande-Bretagne, 54 usines similaires récupèrent environ 10 % de la quantité de méthane généré et relâché dans l'atmosphère chaque année. Le Japon utilise 85 % de ses déchets et, selon les évaluations, les déchets du bétail pourraient produire suffisamment de biogaz pour réduire d'environ un quart la consommation annuelle de pétrole de l'agriculture japonaise. La Suisse recycle 80 % de ses déchets et la France, environ 50 %. Une compagnie sud-africaine utilise le biogaz des décharges municipales pour élaborer des produits chimiques. Selon l'estimation de David Hall, biologiste à l'université King College de Londres, la récupération de l'ensemble des déchets de l'agriculture et de la sylviculture pourrait, dans l'avenir, fournir suffisamment d'énergie pour couvrir 7,5 % des besoins mondiaux actuels.

---

43. Le chapeau conique en paille (biomasse) de ce planteur de riz japonais symbolise le soleil. Porté par les paysans de la plupart des pays d'Asie, il n'est pas sans rappeler la coiffure solaire du dieu grec Hermès, le **pétasos**.

44. Une énorme bille de bois symbolisant le soleil est transportée jusqu'au sanctuaire de Shicho Kohoka, à Isé, pendant les célébrations japonaises de la biomasse appelées **Okibiki**.

45. Ces cultivateurs de riz du sud de l'Inde utilisent un système de pompage alimenté au photovoltaïque pour arroser leurs rizières. Ce programme permet de disposer de pompes dont les batteries ont une puissance de 200 à 2 250 watts.

Grâce à l'évolution récente de la biotechnologie, de la sylviculture et des techniques d'incinération, la transformation de diverses plantes en combustibles liquides ou gazeux devient économiquement rentable. En Suède, à Värnamo, au sud du pays, on applique actuellement les derniers développements technologiques dans une nouvelle usine de chauffage mise en service durant l'hiver 1994. Par gazéification du bois et combustion du gaz dans un turboréacteur, cette usine génère 6 mégawatts électriques et 9 mégawatts thermiques destinés au réseau de chauffage urbain. Au total, plus de 80 % de la teneur énergétique du bois est exploitée, tant pour chauffer les bâtiments que pour l'alimentation des moteurs et l'éclairage urbain. Ce système ne provoque aucune émission de soufre et la quantité réduite de dioxyde de carbone produite est absorbée par les jeunes arbres plantés en remplacement de ceux qui sont abattus et brûlés. Des estimations théoriques suggèrent que des techniques appropriées d'exploitation de la biomasse permettraient d'en extraire de quoi couvrir environ la moitié des besoins mondiaux en combustibles liquides et gazeux ainsi que un cinquième des besoins en électricité.

L'industrie et le commerce extérieur de la Finlande sont très largement dépendants de ses vastes forêts et le secteur forestier tout entier repose sur leur pérennité. Elle est l'un des rares pays dont les forêts sont protégées par une réglementation stricte prévoyant un quota de reboisement supérieur à l'abattage. Les considérations écologiques interviennent également de façon significative dans la gestion de l'industrie du papier et du carton, la plus importante production nationale. Le plan *Sustainable Paper Technology Programme* (SPTP), visant à simplifier les processus de fabrication de la pâte et du papier, est parvenu à réduire la consommation d'énergie pour en faire la plus faible du monde de ce secteur. Le système de production de pâte en circuit fermé fonctionne pratiquement sans déperdition d'eau et au chlore on a substitué du bioxyde de chlore, de l'eau oxygénée, de l'oxygène ou des enzymes.

Aux États-Unis, l'industrie papetière parvient à couvrir, grosso modo, la moitié de ses besoins énergétiques en utilisant non seulement le bois, mais aussi ses dérivés – sciure, copeaux et déchets de broyage de la pâte à papier – pour alimenter des chaudières de cogénération. Consécutivement au décret visant la réglementation des compagnies (*Public Utility Regulatory Policies Act* de 1978) qui exige des services publics qu'ils achètent la production des compagnies privées à des prix raisonnables, la capacité de production électrique extraite de la biomasse reliée au réseau est passée de 200 mégawatts en 1979 à quelque 6 500 mégawatts en 1994. Afin de se conformer à la réglementation stricte concernant l'émission de soufre, les compagnies électriques américaines se sont aussi intéressées à la combustion simultanée de charbon et de bois à faible teneur en soufre. Ainsi, aux États-Unis, les industries du papier et des dérivés du bois ont élevé le potentiel énergétique de la biomasse jusqu'à 10 000 mégawatts. Pourtant, comme d'autres éléments transformés de la biomasse, le papier a une plus grande valeur énergétique s'il est recyclé ou réutilisé plutôt que brûlé. L'incinération des résidus de la biomasse n'est donc pas toujours la meilleure solution puisque le recyclage du papier permet d'économiser de deux à quatre fois plus d'énergie que son incinération n'en produit. De fait, aux États-Unis, les incinérateurs à déchets sont déjà confrontés à des pénuries de combustible consécutives à la généralisation du recyclage et aux efforts entrepris pour réduire les déchets.

46

47

46. Dans les régions isolées du Pakistan comme la vallée de Bunair, dans la province de Swat, des fillettes transportent la paille pour alimenter en combustible leurs maisons équipées d'éclairage solaire. Un panneau photovoltaïque récemment livré a été déposé sur une meule de biomasse.

47. Les enfants indiens profitent de la réalisation du programme à orientation commerciale de méthanisation de la biomasse, installé pour le pompage de l'eau. Plus de 1 440 systèmes d'une puissance globale de 21 mégawatts ont déjà été installés.

Dans les pays en développement, l'utilisation du gaz biologique a amélioré les conditions de vie dans les régions rurales. Produit essentiellement à partir de la bouse de vache, il sert maintenant à l'éclairage et à l'alimentation de moteurs mixtes qui fournissent l'énergie mécanique utilisée, entre autres, pour puiser l'eau. La boue résiduelle des fermentateurs augmente la qualité des amendements, ce qui contribue à une hausse du rendement agricole. L'installation de méthaniseurs a amélioré l'environnement et l'hygiène des foyers. Les maladies ophtalmiques et pulmonaires consécutives aux fumées de cuisson sont en régression, et les femmes et les enfants n'ont plus à subir la pénible corvée quotidienne du ramassage et du transport du bois de chauffage, porté en lourds fagots, sur la tête. Cela contribue à économiser le bois, et par conséquent à préserver les forêts.

En Inde et en Chine particulièrement, depuis quatre-vingts ans, on transforme en gaz des quantités toujours plus importantes de déchets agricoles et domestiques dans des fermentateurs anaérobiques. En Inde, deux projets différents sont actuellement mis en œuvre pour encourager l'implantation d'installations d'extraction de biogaz : le *National Project on Biogas Development* (NPBD) et le *Community/Institutional Biogas Plant Programme* (CBP/IBP). Dans le cadre du

48

49

48. Le biogaz est de plus en plus utilisé dans le monde comme combustible de cuisson : il est propre, rentable et pratique. L'installation de type familial utilisée par cette femme du Gujerat est l'une des quelque deux millions d'unités déjà installées en Inde.

49. La bouse de vache séchée au soleil est très utilisée comme combustible de cuisson, comme matériau de construction, etc. en Asie, en Afrique et en Amérique Latine. En Inde, on rend hommage à cette énergie en traçant un dessin du soleil avec de la bouse de vache, et en lui adressant des prières avec une lampe à huile végétale.

50. Dans un village de la zone de Bagmati, sur fond de symboles solaires de Surya peints sur les maisons, ces Népalaises font la vaisselle après avoir cuisiné au biogaz. Le déboisement a alarmé les autorités qui offrent des incitations financières aux utilisateurs de réacteurs.

सूर्य
सूर्य मा

plan NPBD, ce sont les installations de biogaz familiales que l'on encourage et des subventions centralisées financent environ 20 à 25 % du coût d'installation des réacteurs. Jusqu'en 1996, pratiquement 2,18 millions de méthaniseurs de type familial ont été installés. Depuis, on compte chaque année 200 000 équipements supplémentaires. Les projets de recherche et développement ont permis d'élever la rentabilité de la production du biogaz en introduisant, entre autres, de nouveaux produits de fermentation et des processus de biométhanisation performants. Le plan CBP/IBP de production de biogaz propose deux types d'installation : d'une part, des fermentateurs de grande taille, alimentés par les déchets organiques et les résidus domestiques recyclés et d'autre part, des stations de production de gaz biologique collectives, conçues pour des segments plus défavorisés de la société. La taille des installations varie entre 15 et 85 mètres cubes et le gouvernement finance environ 50 % de leur développement. Jusqu'ici, 640 centrales collectives et institutionnelles ont été mises en exploitation car les fermentateurs sont maintenant acceptés dans les régions rurales.

Selon une estimation, les Chinois ont installé plus de 20 millions de réacteurs domestiques depuis les années 70. Prenant conscience du fait que, dans les régions rurales isolées, le biogaz extrait des déchets agricoles pouvait être employé pour alimenter des générateurs électriques à des coûts plus bas que les générateurs à fioul conventionnels, ils ont implanté, ces dernières années, environ 1 000 digesteurs de grande taille pour traiter les déchets des exploitations agricoles. Dans l'une d'entre elles, un gros élevage de poulets du village de Liu Minying, dans le district de Da Xing, près de Pékin, un fermentateur important, alimenté par les fientes de 100 000 poulets, permet une économie annuelle d'environ 8 000 tonnes d'énergie charbonnière et fournit également du biogaz à usage domestique à environ 900 personnes réparties dans 240 foyers. Des coopératives construisent actuellement des réacteurs supplémentaires analogues le long de la nouvelle autoroute Pékin-Hong Kong.

De façon générale, il est aisé de se procurer certaines matières premières comme la sciure, la paille, la balle du grain, et autres matériaux similaires mais leur combustion est si rapide qu'elles ne constituent pas une source d'énergie très rentable. Pour élever leur teneur en énergie approximativement au même niveau que celle du bois combustible, il faut les transformer en briquettes que l'on fabrique en compactant les matières premières. Or, lorsqu'on les compresse, certaines, comme la paille ou la poussière de charbon de bois, manquent d'adhérence ; il faut donc y ajouter un élément liant. L'amidon de maïs, de blé ou de manioc, la mélasse de sucre de canne, les goudrons, les résines, les colles, la fibre, les déchets de poisson et certaines plantes comme les algues sont les agents agglomérants les plus usités. Les agglutinants non combustibles les plus utilisés sont les cendres, la terre glaise ou la boue. Certains pays comme l'Afrique du Sud ont tenté de

51

52

51. La paille est accessible en abondance dans les régions de culture céréalière intensive. Plusieurs pays européens mettent actuellement au point des technologies permettant d'utiliser les excédents de paille et leur énergie.

52. Dans de nombreux pays, la recherche se penche sur la manière d'obtenir de la bioénergie à partir de cultures d'herbes hybrides à forte teneur énergétique et à croissance rapide avec courtes périodes de rotation. Cette recherche porte également sur d'autres cultures non conventionnelles comme le millet, le chanvre de Bombay, l'herbe à éléphant Napier, la gesse sauvage, etc.

confectionner des briquettes avec de la poussière de charbon, de la paille et de la balle de blé, mais une substance agglomérante bon marché et disponible ainsi qu'une technologie de production appropriée et économique restent à trouver.

On continue à chercher les moyens de rentabiliser l'utilisation du bois disponible et d'en limiter la consommation. Parallèlement, il est crucial de renouveler les réserves de bois. Pour tenter d'en réduire la consommation, les chercheurs ont mis au point des poêles à bois à rendement amélioré. Spécialement conçus pour les pays en développement, bien calorifugés, ces appareils de cuisson sont étudiés pour produire une combustion lente. La chaleur est dirigée directement sous les marmites et n'est pas gaspillée. Ils produisent aussi moins de fumée et de cendres que les cuisinières traditionnelles. Dans de nombreuses régions pauvres, le poêle à charbon de bois fait d'argile et d'une vieille touque à pétrole est devenu un accessoire populaire dans les cuisines car il consomme deux fois moins d'énergie que les poêles métalliques traditionnels. En Afrique orientale, on appelle ce type de fourneau en terre le *jiko* du Kenya, et plus de un million d'unités ont été produites au cours de la décennie passée. La demande et la production croissantes sont à l'origine d'une saine concurrence entre les artisans locaux qui les fabriquent. Consécutivement, les prix ont considérablement baissé et la plupart des familles peuvent maintenant se les procurer.

Comme la Mongolie-Intérieure dont l'économie énergétique est tributaire de ses vastes steppes sans arbres, le Danemark, doté d'une surface agricole importante, mais pratiquement dépourvu de forêts, tire de la paille une source d'énergie substantielle. Selon les estimations, les excédents de ce résidu agricole pourraient couvrir plus de 7 % des besoins nationaux d'énergie. Dans le cadre de sa politique décentralisée, le gouvernement danois a encouragé la construction d'incinérateurs à paille de petit modèle pour la production de chaleur utilisée à la ferme. Et, depuis 1980, plus de la moitié des systèmes de chauffage urbains ont été adaptés pour utiliser, à 90 %, de la paille comme combustible, les fermiers récupérant les cendres résiduelles pour fertiliser leurs champs. Par ailleurs, l'augmentation des impôts sur les combustibles fossiles est une incitation gouvernementale supplémentaire en faveur de l'utilisation de la paille, l'objectif étant que la consommation dépasse un million de tonnes en l'an 2000.

Fibre résiduelle broyée de la canne à sucre après séparation du jus et de la canne, la bagasse est l'une des sources d'énergie verte les plus répandues au monde. Le Brésil, qui doit importer près de la moitié de son pétrole, produit de l'éthanol à partir de la canne à sucre. Extrait de la mélasse, l'éthanol pur est actuellement utilisé comme carburant dans un tiers des voitures fabriquées au Brésil. Ce programme, lancé en 1975 par Proalcool au Brésil, a multiplié sa production annuelle d'éthanol par vingt, partant de 720 millions de litres au début du programme, pour atteindre

53

54

53. L'exploitation traditionnelle de la chaleur passive du soleil pour faire sécher le poisson a été améliorée, dans de nombreux pays, par l'utilisation d'autres types d'énergie solaire potentiellement exploitables dans le contexte des fermes marines énergétiques de l'avenir.

54. La production d'algues à forte prolifération pour l'élevage des spirulines et l'utilisation d'autres plantes marines comme les algues géantes pour la mariculture figurent parmi les sources d'énergie non conventionnelles.

19,3 milliards de litres par an au milieu des années 90. On peut produire de l'éthanol à partir d'autres végétaux, comme le blé et d'autres céréales, la canne à sucre, la betterave, les copeaux et les résidus forestiers, le varech, les coquilles de noisettes du Queensland et de nombreuses autres plantes terrestres et marines, par fermentation des matières biologiques. On peut également brûler la bagasse dans des chaudières conventionnelles pour en tirer de la vapeur utilisée ensuite dans le processus d'extraction du sucre, et pour produire aussi de l'électricité. Une chaudière de sucrerie traditionnelle dégage suffisamment de vapeur pour alimenter la fabrique et générer de surcroît de l'électricité pour des usagers extérieurs. Des améliorations technologiques sont en cours dans le cadre d'un projet financé par l'organisation *Global Environnemental Facility* dans l'État de Bahia, au nord-est du Brésil. Cette usine générera 25 à 30 mégawatts de courant électrique avec des turbines tournant au gaz extrait des copeaux de bois.

À Hawaii, on extrait aussi l'éthanol de la mélasse du sucre de canne que l'on mélange à de l'essence pour produire du carburant automobile. Mais l'industrie sucrière hawaïenne se concentre davantage sur la production d'électricité par incinération de la bagasse, laquelle parvient maintenant à couvrir plus de 60 % des besoins en électricité de l'île de Kauaï et environ 45 % de ceux de l'île d'Hawaii. On utilise déjà des turbines à vapeur plus sophistiquées, opérant à des pressions plus élevées qui peuvent maintenir la production de vapeur tout en multipliant la production d'électricité par trois. Actuellement, l'État d'Hawaii a une capacité de génération électrique à partir de la bagasse d'environ 200 mégawatts, la Floride et la Louisiane, quant à elles, tirent 80 mégawatts de cette source d'énergie. Dans le même esprit, la disponibilité de bagasse bon marché a encouragé les sucreries d'Inde, du Costa Rica, de Cuba, des îles Fidji, du Guatemala, de l'île Maurice, de la Thaïlande, du Zimbabwe et de plusieurs autres pays en développement à produire et vendre des excédents d'électricité aux compagnies électriques locales.

55

55. Les 300 000 bergers vivant dans les 1 100 villages des vastes steppes de la Mongolie-Intérieure rentabilisent les sous-produits de l'énergie de la biomasse et du biogaz. Globalement, jusqu'en 1996, plus de 9 millions de réacteurs domestiques ont été installés en Chine pour méthaniser les déchets agricoles et les ordures ménagères.

Les turbines à gaz peuvent aussi être actionnées par d'autres résidus de la biomasse comme les résidus forestiers habituellement brûlés dans des fabriques de papier et de pâte à papier. L'Inde, un des premiers pays producteurs de riz du monde, en utilise la balle pour générer de l'électricité dans l'État du Pendjab où l'installation d'une centrale électrique alimentée par la biomasse devrait normalement produire plus de 10 mégawatts d'électricité par la seule incinération de la paille de riz. Chaque année, le pays engrange plus de 20 millions de tonnes de balle de riz et, si l'intégralité de ces matières résiduelles était utilisée pour générer de l'énergie, cette source seule suffirait à produire d'énormes quantités d'électricité.

Comme c'est le cas pour toutes les autres formes d'énergie durable, les combustibles biologiques ne sont viables que s'ils sont régulièrement remplacés. Les arbres doivent être replantés et les engrais organiques réintégrer le sol pour que le cycle puisse se perpétuer. Bien que, fréquemment, le problème ne soit identifié et traité qu'après l'apparition de pénuries importantes, des campagnes de reboisement ont été lancées dans quelques pays. Une étude demandée par les Nations unies pour la Conférence sur l'environnement et le développement de 1992 a montré que la production de biomasse pouvait être augmentée par la culture et le remplacement immédiat de plantes à croissance rapide à vocation spécifique. En effet, comparé à l'intervalle normal de rotation de trente à soixante ans entre chaque abattage en sylviculture conventionnelle, certains arbres peuvent être abattus tous les deux à huit ans. Les herbes vivaces comme le millet et l'herbe à éléphant peuvent aussi être cultivées et récoltées chaque six à douze mois en utilisant des méthodes améliorées similaires à celles employées pour la culture de la luzerne et d'autres plantes fourragères.

La Finlande en donne un bon exemple. Là, la croissance et la résistance de plus de 250 variétés de saules ont été testées sur les quelque 2,8 hectares que couvre le parc énergétique des Kopparnäs. Ces arbres

56

56. La paille, abondante en Mongolie-Intérieure, est très largement utilisée par des milliers de familles comme combustible de cuisson et de chauffage. Mélangée à de la boue, elle sert aussi d'isolation thermique pour les habitations.

sont normalement coupés tous les trois ou quatre ans, la croissance annuelle moyenne d'un saule étant d'environ un mètre et demi. Mais avec des méthodes nouvelles qui font appel à des substrats adaptés, les meilleures espèces peuvent atteindre jusqu'à cinq mètres. Commencée en 1983, la recherche se concentre sur la production de cultures à cycles courts et croissance rapide, donnant huit à dix récoltes avant que la saussaie doive être replantée. On examine aussi les méthodes de récolte, le séchage et l'incinération des récoltes. La Finlande enregistre également de bons résultats en matière d'économie de bois grâce au recyclage du papier (un demi-million de tonnes en 1996).

Plusieurs variétés d'algues comme le varech géant, non seulement ressources alimentaires, mais aussi sources d'engrais et de produits chimiques, possèdent également un potentiel énergétique non négligeable car, de croissance rapide, donc à courte révolution, elles peuvent être récoltées de façon répétée. D'après des expériences menées aux États-Unis, dans des circonstances favorables, on peut récolter annuellement, dans les fermes à varech, jusqu'à 50 tonnes de biomasse par hectare en moyenne, desquelles on peut tirer plus de 12 500 mètres cubes de méthane par hectare, soit 7 000 litres équivalent pétrole. Théoriquement, si toute l'énergie emmagasinée chaque année par la biomasse devenait utilisable par l'homme, elle fournirait environ dix fois la quantité d'énergie totale consommée globalement par l'humanité.

Adoptée au milieu des années 80 dans des stations de recherche du Kenya et du Nigeria, une autre approche a permis de découvrir qu'en cultivant ensemble le maïs et la laucène glauque, on augmentait considérablement les récoltes tout en produisant, en outre, annuellement, un minimum de 5 tonnes de bois par hectare. Des méthodes identiques de cultures hétérogènes simultanées sont utilisées en Chine où s'étendent, dans la grande plaine du Nord, plus d'un demi-million d'hectares de cultures agricoles et sylvicoles. Par ailleurs, il serait possible d'élever encore davantage le rendement d'autres essences particulièrement adaptées aux climats doux et tropicaux comme, par exemple, celui de l'eucalyptus qui peut atteindre jusqu'à 5 mètres en six à huit ans seulement et produire annuellement entre 5 et 20 mètres cubes de bois par hectare.

Mais ces efforts ont-ils une chance d'aboutir ? Pendant quelque trois millions d'années, l'humanité a vécu en équilibre raisonnable avec l'écosystème naturel, et, bien que les populations aient tiré leur subsistance des plantes et des animaux, l'étendue de leurs dégradations était à la fois limitée et réversible. Mais, aujourd'hui, il n'y a simplement plus suffisamment de terrain ni de céréales dans le monde pour nourrir une population dont la croissance est exponentielle et qui a déjà nui si gravement à l'équilibre écologique que l'énergie de la biomasse est tout juste renouvelable et durable. Dans de nombreuses régions du monde, les provisions de bois de chauffage sont de plus en plus limitées car les populations en augmentation ont soit brûlé les arbres comme combustibles, soit tout transformé, de la plus petite parcelle de verdure aux grandes forêts tropicales humides, en terres agricoles totalement déboisées, sans laisser suffisamment de pâturages pour les animaux. Les pénuries de combustible qui s'ensuivent ont forcé les femmes et les enfants des pays pauvres à passer la plupart de leur temps à récolter du bois alors que, dans de nombreuses régions, les résidus de la production agricole et les déjections animales qui pourraient être utilisés comme de précieux engrais sont brûlés dans des cuisinières. Les méthodes traditionnelles de cuisson des aliments n'utilisent souvent qu'à peine 8 % de l'énergie du bois, ce qui représente un gaspillage colossal de l'énergie de la biomasse si l'on considère que, dans le monde entier, plus de deux milliards de personnes frappées par la pauvreté sont obligées d'utiliser des méthodes aussi primitives pour leur simple survie.

En résumé, la productivité de la biomasse (habituellement mesurée en unités d'énergie, comme les grammes-calories par mètre carré et par an) représente la totalité de l'énergie disponible pour mener à bien toutes les activités biologiques si aucune matière organique extérieure n'est intégrée à l'ensemble. Les organismes de cet ensemble

57

57. En Europe, les agronomes tentent d'améliorer la culture du miscanthe, la plus connue des cultures énergétiques. Planté au printemps, à raison de 10 000 plants par hectare, il n'atteint sa maturité qu'après plusieurs années. Si les conditions météorologiques sont favorables, le taux de germination peut atteindre plus de 90 %.

58. Les animaux appartiennent à l'un des trois maillons de la chaîne alimentaire : les producteurs (plantes capables de photosynthèse), les consommateurs (animaux qui ingèrent) et les réducteurs (champignons et bactéries qui absorbent).

59. Les abreuvoirs alimentés au photovoltaïque sont maintenant très répandus en Europe. L'énergie générée alimente une pompe qui transporte l'eau d'un fossé d'irrigation jusqu'à un abreuvoir métallique qui, grâce à une batterie et un système de contrôle, reste plein même par temps couvert.

58

59

61

sont groupés en fonction de leur position au sein de chaînes alimentaires reliées les unes aux autres à l'intérieur d'un réseau alimentaire global dans lequel de nombreuses espèces animales se nourrissent d'autres espèces. Ainsi, les principaux modes de nutrition constituent les trois maillons alimentaires de l'ensemble : les éléments producteurs, (plantes dans lesquelles se produit la photosynthèse), les éléments consommateurs (animaux qui ingèrent) et les éléments réducteurs ou transformateurs (bactéries et champignons qui absorbent). Pendant sa période de croissance, la biomasse tire de l'atmosphère du gaz carbonique qui, dans le processus de combustion, retourne dans la nature dans les mêmes proportions. L'équilibre entre ce circuit fermé et son environnement participe du domaine de l'écologie et maintient la vie sur terre.

62

60. À Hawaii, dans les installations du Natural Energy Laboratory de Keyhole Point, on étudie l'utilisation de l'eau froide de la mer pour contrôler la température du sol et pour arroser (par condensation), les cultures de fraises.

61. Grue transportant des ballots de paille dans la centrale de chauffage de Hadsten, au Danemark. Puissance installée : 11 mégawatts.

62. La chambre de combustion est l'élément le plus important d'une usine de chauffage alimentée par la biomasse. En fonction de la capacité de la centrale et de la nature du combustible, on a recours à des procédés divers : grille alimentée par dessous, allumage à grille, allumage à injection ou combustion en lit fluidisé.

L'énergie invisible du vent

Mâui-Akamai inventa le premier cerf-volant mais ne put le faire voler sans l'énergie de *mana,* le vent, retenu jalousement dans une calebasse fermée par le vieux prêtre Kaleiiokû de la vallée de la Waipi'o connue pour ses vents et sa pluie. Il ne fut pas facile de persuader Kaleiiokû l'avaricieux de prêter à Mâui un peu de la puissance du vent, mais, finalement, lorsque le vieux prêtre accepta et ouvrit la gourde *ipu-makan* où était enfermé le vent, un souffle s'échappa qui emporta le cerf-volant de Mâui très haut dans le ciel comme un voilier glissant sur les vagues de la mer.

Tout comme la poésie a précédé la prose dans le développement du langage, la puissance des courants éoliens saisonniers avait déjà entraîné les voiliers des populations côtières dans de lointains périples à travers les océans bien longtemps avant que les animaux domestiques, comme les bœufs, les mules et les chameaux des caravanes, n'aient entrepris leurs voyages. Approximativement au moment où l'homme de Pékin découvrait l'usage du feu, la flottille des ancêtres polynésiens de Mâui-Akamai, mue par l'énergie cinétique du vent et l'énergie musculaire des rameurs, suivit, il y a quelque 40 000 ans, les routes maritimes traditionnelles des embarcations « guidées par le chant », des aborigènes australiens, lesquels avaient traversé le profond détroit séparant leur vaste continent insulaire du sud-est de l'Asie continentale. L'expérience et l'observation leur avaient enseigné, semble-t-il, la force (appelée aujourd'hui de Coriolis) qui dévie les vents vers la droite dans l'hémisphère Nord, et vers la gauche dans l'hémisphère Sud.

Les voiles des bateaux égyptiens commencèrent à capter l'énergie du vent sur le Nil vers 3300 av. J.-C. On en trouve des illustrations sur les gravures rupestres de l'Égypte pré-dynastique à Wadi Hammamat, dans la vallée du Nil. Grands navigateurs de l'Antiquité, les Phéniciens ont laissé des représentations plus explicites : bas-reliefs, sceaux cylindriques, pièces de monnaie, et même une maquette de bateau primitif en terre cuite découverte à Byblos, sur la côte libanaise (1580-1200 av. J.-C.). Les bateaux à voile unique des Étrusques de l'Italie pré-romaine datent d'environ 475 à 450 ans av. J.-C. Vers le VIIe siècle, au nord de l'Europe et le long du détroit de Béring, un vaisseau viking d'un nouveau modèle avait fait son apparition : l'archaïque lambeau d'étoffe qui, auparavant, servait

65

63. **Don Quichotte,** *l'œuvre classique universellement connue de Cervantès, donne une idée de l'importance et de la taille prises par les moulins au début du XVII*e *siècle, d'où les expressions du vocabulaire européen comme « se battre contre des moulins à vent ». Lithographie de Gustave Doré (1832-1883).*

64. *Farohar, symbole ailé du disque solaire, au temple du Feu Parsi Anjuman, Bombay.*

65. *Moulin du XV*e *siècle sur l'île de Mykonos, Grèce.*

de voile s'était transformé en une voile carrée. Les galions européens de la période des grandes découvertes furent le fruit de la transformation des navires marchands gréco-romains auxquels avaient été ajoutées deux petites voiles triangulaires supplémentaires au-dessus de la grand voile. Ces embarcations – qui étaient avant tout des voiliers – pouvaient néanmoins être mues à la rame en l'absence de vent.

On doit à l'énergie du vent les premiers contacts à travers le Pacifique mais aussi l'aventure des découvertes maritimes réalisées par l'intermédiaire du troc et des échanges culturels entre des populations vivant dans des régions très éloignées du globe. Comme ce fut le cas pour l'intérieur de l'Asie, les contacts à travers le Pacifique améliorèrent les compétences des populations en matière de fabrication d'outils destinés à la production et au stockage de l'énergie. Les analogies entre la poterie préhistorique japonaise et les céramiques équatoriennes de la période de Valdivia sont évidentes et montrent qu'en effet des contacts entre ces populations eurent bien lieu environ 3 000 ans av. J.-C. Sur un site du Chili, proche de Monte Verde, des fouilles archéologiques récentes ont mis au jour parmi des ruines d'habitations aux charpentes en bois et aux toitures en cuir, des outils faits de bâtons et d'os ainsi que plus de 700 outils en pierre. Ces fouilles indiquent que ces outils d'hélio-technologie avaient été apportés là par des peuplades asiatiques en migration il y a 12 500 ans. Les archéologues de Monte Verde ont exhumé d'une seconde couche, plus profonde, ce que l'on croit être de l'artisanat et qui pourrait dater de 33 000 ans. Ce qui suggère que les Asiatiques auraient pu arriver en Amérique non seulement par la voie terrestre en traversant le détroit de Béring, comme le voulaient les spéculations jusqu'ici, mais aussi directement par la mer.

Les voiles ont canalisé la force du vent depuis l'aube de la civilisation mais ce n'est que depuis 2 000 ans environ que l'on commença à les utiliser pour les moulins à vent, en Chine, en Afghanistan et en Perse, essentiellement dans le but de puiser l'eau pour l'irrigation et pour broyer le grain. On sait, d'après des gravures et d'autres témoignages, qu'en Perse, au VIIe siècle, l'utilisation de la puissance éolienne par un dispositif à axe vertical était courante. Cette technique fut plus tard importée de Syrie en Europe par les croisés allemands en 1190.

La Hollande n'existe que grâce aux moulins car, jusqu'aux environs de l'an 1000, ce pays, constitué de marécages et de petits cours d'eau boueux séparés de la mer par une ceinture de dunes et de grandes étendues de terre, était quasiment inhabitable. La région était systématiquement ravagée par les inondations et de grandes portions de terre furent totalement immergées pour former, aux environs du XIVe siècle,

66

67

66. Maquette d'un vaisseau viking du premier millénaire, Roskilde Fjord, Danemark.

67. Peinture représentant l'expédition polaire norvégienne dirigée par Frodtjof Nansen qui employa une turbine éolienne afin de produire du courant électrique pour l'éclairage pendant l'immobilisation du navire **Fram**, *bloqué trois hivers successifs dans les glaces (1893-1896).*

68

des mers intérieures comme le Zuiderzee. Lors de la célèbre inondation de la Sainte-Élisabeth, en novembre 1421, des milliers d'hommes, de femmes et d'enfants furent noyés ainsi que des troupeaux entiers. Une grande partie des habitants furent chassés de leurs maisons et durent se réfugier sur des éminences où ils consommèrent l'énergie de la biomasse en brûlant le bois et la tourbe des forêts avoisinantes. Ces inondations répétées conduisirent à la construction de digues afin de contenir la mer hors des terres et, à l'origine, les moulins étaient utilisés pour drainer et assécher les mares et les lacs et constituer les polders. Entre 1608 et 1612, à l'aide de 26 moulins fonctionnant en deux temps, on draina le lac Beemster, profond de trois mètres. Malheureusement, la digue de Zuiderzee céda et le travail dut être repris depuis le début.

Il semblerait que le plus ancien document connu faisant référence aux moulins à vent en Hollande soit le privilège d'autorisation d'exploitation, octroyé en 1274 par le comte Floris V aux bourgeois de Haarlem. Des archives relatent l'existence de moulins dans d'autres villes comme Amsterdam entre 1336 et 1342, et Utrecht, à partir de 1397. D'abord de petite taille, ces moulins furent, aux environs de 1526, remplacés par des *wipmolen*, moulins creux auxquels succédèrent les moulins classiques de drainage. Leur usage commercial commença avec la construction de gros moulins à maïs et de moulins industriels encore plus importants comme les moulins-tours octogonaux en bois, à calotte tournante. Des archives prouvent que des moulins-tours à empennage étaient utilisés comme moulin à huile en 1582, fabrique de papier en 1586, scierie en 1592. Ensuite, après 1600, ils furent construits partout pour toutes sortes d'usages. Des voitures éoliennes à double mâture circulaient d'ailleurs aux Pays-Bas en 1600 dont l'une, roulant à 30 kilomètres à l'heure, pouvait transporter 28 passagers. En 1760, le prêtre suisse J. H. Genevois suggérait l'installation d'un petit moulin à vent sur une sorte de charrette pour que l'énergie cinétique en actionne les ressorts qui feraient tourner les roues.

À la même époque, en Angleterre, grâce à la sophistication des voiles et au système de gouvernail qui les maintenait dans le vent, la construction des moulins à vent s'améliora considérablement. Les gréements traditionnels en toile furent remplacés par des voiles à ressort et à jalousies (l'équivalent de nos stores vénitiens modernes) dont les lames orientables pouvaient laisser passer le vent ou déployer de la surface à sa pression. La conception des ailes fut également perfectionnée avec l'aile brevetée en 1807. Dans les moulins équipés de ce type d'ailes, les jalousies de chacune d'elles étaient contrôlées par un levier intérieur qui, par un système de baguettes

68. Les galions européens de la période coloniale étaient une évolution des navires marchands gréco-romains dont la grand voile avait été agrémentée de trois petites voiles triangulaires. Avant tout des voiliers, ces bateaux pouvaient se manœuvrer également à la rame en l'absence de vent. Peinture d'un galion hollandais par Ludolf Backhuyzen (1631-1708). **Avec l'aimable autorisation du musée du Louvre, Paris.**

69

fixées au châssis, était connecté à l'axe dont le gouvernail commandait simultanément le mouvement sur chaque pale. Ce sont ces modifications, entre autres, qui permirent aux moulins à vent anglais de s'adapter aux exigences croissantes imposées aux techniques de l'énergie.

Ensuite, et pendant plus de deux siècles, ce fut l'énergie éolienne qui propulsa les vaisseaux transportant les lourdes cargaisons de bois des pays de la Baltique et qui actionna les scieries des *Paltrokilometresolens*, ces moulins qui tirent leur nom des Mennonites allemands vêtus de larges manteaux, les *palts-rokken*. C'est aussi l'énergie du vent qui alimenta les nombreux moulins à huile et les fabriques de papier industriels. En 1850, il y avait en Europe plus de 50 000 moulins à vent en opération, jusqu'à ce que la machine à vapeur inventée en Angleterre au XVIIIe siècle par Newcomen vienne graduellement les remplacer. À partir de cette période, leur nombre se mit à diminuer et, à la fin du siècle, il n'y en avait plus qu'une dizaine de milliers en service à travers l'Europe. Le moulin à vent traditionnel eut à subir un autre revers lorsque l'industrie commença à utiliser la nouvelle machine à vapeur à condensateur à basse pression de James Watt, plus efficace et moins chère que la machine de Newcomen. Le déclin rapide de l'emploi de l'énergie éolienne des moulins au XIXe siècle est consécutif à cette invention : l'usage de la vapeur se répandait et son énergie fut utilisée à plus grande échelle. Les moulins à vent qui avaient prouvé leur efficacité pour fournir de l'énergie dans les processus industriels de petite échelle s'avéraient incapables de rivaliser avec les machines à vapeur des grandes fabriques. Ainsi commença la révolution industrielle.

La vapeur ne remplaça pas seulement les autres sources d'énergie, elle les transforma, de sorte que la conception et l'efficacité des moulins à vent s'en trou-

69. La technique de construction des moulins à vent s'améliora considérablement lorsque les voiles à ressort remplacèrent les gréements de toile et furent équipées de jalousies (l'équivalent des stores vénitiens modernes). Celles-ci permettaient, selon qu'elles étaient fermées ou ouvertes, d'offrir de la surface au vent ou, au contraire, de le laisser passer. Autre innovation, le dispositif d'autorégulation du gouvernail, (ici sur des moulins à Majorque, en Espagne) souvent encore en service de nos jours.

70 a 70 b

70 c 70 d

71

vèrent améliorées tandis que, simultanément, la nostalgie des anciens moulins à vent suscitait un regain d'intérêt pour cette énergie renouvelable. Ce qui entraîna, en 1916, la construction d'environ 1 300 nouvelles turbines éoliennes pour actionner les batteuses, les moulins à grains et les pompes à eau. Au Danemark, le père de la technologie éolienne moderne, auquel on doit l'électrification du pays, fut le fameux physicien et météorologue Paul La Cour, professeur de sciences naturelles au lycée d'Askov, de 1878 à sa mort, en 1908. À partir de quasiment rien, La Cour et deux ingénieurs danois, Vogt et Irminger, jetèrent les bases de l'industrie. Au fil des ans, la capacité des turbines éoliennes individuelles a augmenté, passant de 15 kilowatts à 500 kilowatts, pour atteindre, actuellement, une puissance de 750 à 1 000 kilowatts pour les plus grosses machines. Aujourd'hui, pratiquement la totalité des 3 700 turbines éoliennes du Danemark qui développaient, en 1994, une puissance installée globale de 500 mégawatts, sont reliées au réseau. Les fabriques de turbines éoliennes danoises alimentent environ un tiers du marché mondial et le pays détient approximativement 80 % de l'énergie éolienne installée en Europe en 1996. Le gouvernement s'est totalement engagé dans la production d'énergie éolienne et espère qu'en 2005, 10 % de la consommation électrique danoise seront couverts exclusivement par l'énergie éolienne.

Les États-Unis figurent parmi les chefs de file de la production d'énergie éolienne. En 1925, les frères Jacob commencèrent à produire des turbines éoliennes qui alimentaient des batteries de 2,5 à 3 kilowatts. En 1978, la publication des résultats de l'étude gouvernementale qui désignait trois grands cols balayés par les vents dans la chaîne de la côte californienne (dans les Tehachapi, au nord de Los Angeles, le col de San Gorgonio près de Palm Springs et le col d'Altamont près de San Francisco)

---

70. Le langage des moulins s'exprime par la position particulière donnée aux ailes : (A) fête, (B) deuil, (C) brève pause, (D) pause prolongée. Illustrations de G. Pouw, Zaandam, Pays-Bas.

71. Moulin du polder De Kager décoré de drapeaux. Les moulins hollandais sont des centres culturels où se célèbrent les fêtes, les noces et autres événements sociaux. Cette tradition s'est répandue à travers toute l'Europe.

72. *(Pages suivantes)* **Moulin à vent de la ville de Wijk Bij Duursted sur la Lek.** *Huile sur toile de Jacob Ruysdael (1628-1682).* **Avec l'aimable autorisation du Rijksmuseum, Amsterdam.**

73

relança considérablement l'industrie. Les incitations financières offertes par le gouvernement furent à l'origine d'une « ruée vers le vent », similaire à celle qu'avait provoquée la découverte d'or dans la Sierra Nevada en 1848. Ainsi, environ 12 000 aérogénérateurs furent installés en Californie entre 1982 et 1992, soit, au terme de 1996, une puissance totale de plus de 2 300 mégawatts – suffisante pour couvrir la consommation domestique d'une ville de un million d'habitants environ. Les turbines les plus efficaces sont capables de convertir environ 35 % de l'énergie cinétique du vent en électricité.

Les grosses turbines éoliennes connectées au réseau ont une meilleure productivité lorsque, comme c'était le cas avec les anciens moulins à vent, elles sont gérées sur la base d'un système de coopérative regroupant les usagers et les services publics de distribution électrique. L'extraordinaire succès de l'énergie éolienne danoise est d'ailleurs essentiellement dû à sa structure coopérative. À la fin des années 70, le gouvernement implanta une station pour tester les turbines éoliennes et alloua 30 % de subventions pour réduire les coûts d'investissement – bien qu'il ait étalé l'application de cette mesure sur dix ans. Depuis, 78 % des turbines éoliennes ont été installées par des propriétaires indépendants, essentiellement des coopératives rurales formées par des groupes de 30 à 40 familles. Plus de 100 000 familles danoises adhèrent maintenant à des coopératives de cette nature.

De nombreuses régions du monde suivent maintenant cette voie. Il existe essentiellement trois types de propriété coopérative. Dans le premier, un groupe de particuliers s'associent pour acheter une turbine grâce à un prêt accordé par une banque ou un organisme de crédit et chaque personne ou association de particuliers en finance une part correspondant à sa consommation électrique respective. L'élec-

73. Les moulins ont beaucoup inspiré la peinture européenne de toutes les époques et de tous les styles comme en témoignent les chefs-d'œuvre des artistes de la Renaissance, la peinture flamande des XVIe et XVIIe siècles, notamment les moulins de Bruegel, l'expressionnisme de Van Gogh et également les peintres abstraits tels que Mondrian. Ici, un célèbre dessin sur papier de Rembrandt (1606-1669) représentant un moulin à vent hollandais. **Avec l'aimable autorisation du Rijksmuseum, Amsterdam.**

74

tricité est ensuite vendue aux services publics à un tarif fixé par le gouvernement. La seconde méthode consiste en l'achat intégral d'une turbine éolienne par un agriculteur qui l'installe sur son exploitation. Dans la troisième catégorie, la compagnie électrique finance l'achat des turbines qui sont installées groupées pour former des concessions de « fermes éoliennes » également appelées « parcs éoliens ». Les turbines sont habituellement reliées au réseau et le courant peut être vendu à une compagnie électrique ou au gouvernement.

S'inspirant de ce qui précède, le gouvernement fédéral indien a offert un certain nombre d'incitations fiscales pour encourager le développement de ce secteur, ce qui, grâce à des subventions complémentaires allouées par les gouvernements des divers États, a abouti à la mise en place de plusieurs opérations conjointes avec des compagnies étrangères. Dans des régions du Tamilnad battues par les vents, comme le Perungudi et les vallées du Muppandal, des associations avec des compagnies danoises, hollandaises, allemandes, britanniques et américaines ont permis l'installation de plus de mille turbines éoliennes de grande et petite taille d'une puissance totale d'environ 850 mégawatts d'électricité et connectées au réseau. Comparée à la Chine, dont le parc éolien produit 56 mégawatts, l'Inde en fournit actuellement plus de 900, mais son potentiel national total est de 20 000 mégawatts, ce qui en fait le troisième programme d'énergie éolienne mondial.

Des systèmes mixtes permettent de relier les turbines éoliennes à une ou deux autres sources d'énergie. La combinaison vent/diesel est la plus commune. Son avantage réside dans le fait que l'investissement de l'aérogénérateur peut être amorti grâce aux économies réalisées sur la consommation de combustible du groupe électrogène diesel. À Esperance, sur la côte sud de l'Australie-Occidentale, des

74. Vieux moulin de style traditionnel hollandais au Danemark, premier pays producteur de turbines éoliennes du type de celle que l'on aperçoit à l'arrière-plan.

systèmes « biénergie » implantés dans deux fermes éoliennes fournissent jusqu'à 17 % de l'électricité de la ville. Les fermes sont reliées à la centrale thermique à diesel d'Esperance d'où l'électricité est distribuée au réseau régional. La première ferme éolienne fut installée en 1987. Équipée de 6 turbines éoliennes, elle génère un total de 360 kilowatts qui contribuent pour environ 2 % aux besoins d'Esperance en électricité et permettent de réaliser une économie annuelle d'environ 250 000 litres de combustible. Le succès de ce projet a incité à construire une ferme éolienne plus importante, avec 9 turbines d'une capacité de 225 kilowatts, soit un investissement d'environ 5,8 millions de dollars pour une puissance totale de 2 000 mégawatts. Le système couvre jusqu'à 15 % des besoins de la ville en électricité et permet de réaliser une économie annuelle d'environ 2 millions de litres de fioul. L'investissement devrait être amorti sur une douzaine d'années. De la centrale, un ordinateur contrôle l'opération des turbines installées à environ 14 kilomètres de la ville ainsi que le fonctionnement des groupes diesel qui compensent les fluctuations de la puissance du vent et maintiennent la tension électrique.

Alors que les grandes fermes éoliennes informatisées connectées au réseau se justifient économiquement pour l'alimentation électrique des zones urbaines, la seule façon pratique de fournir de l'électricité aux régions rurales isolées est l'installation de systèmes autonomes « biénergie » éoliens/photovoltaïques beaucoup plus petits. Ils présentent un avantage sur les systèmes uniquement photovoltaïques ou fonctionnant exclusivement au diesel, très répandus pour générer de l'électricité dans les régions reculées du monde. On installe de plus en plus de ces systèmes d'énergie renouvelable, non seulement dans les pays en développement, mais aussi dans les régions industrialisées du monde. En Espagne, dans le district d'Alt Urgell, en Catalogne, un élevage dispose d'une génératrice autonome utilisant un système

75

75. Cette gravure de J. B. Collaert (1566-1628) témoigne de la prolifération des moulins en Hollande pendant les XVIe et XVIIe siècles. **Avec l'aimable autorisation du Rijksmuseum, Amsterdam.**

76. Le moulin de drainage Trouwe Wachter (1832) de Tienhoven à Utrecht est décoré de drapeaux et de banderoles pour célébrer les noces d'argent du meunier.

CVMV
25

photovoltaïque de 5,6 kilowatts et d'un aérogénérateur de 1 kilowatt. L'élevage d'Argestues, avec ses quelque 50 vaches laitières, possède un générateur diesel de 15 kilowatts depuis quinze ans. Mais, depuis mars 1992, il est équipé d'un système mixte éolien-photovoltaïque, ce qui a réduit considérablement ses dépenses en fioul. Depuis, de petits systèmes mixtes identiques ont été installés dans six autres maisons isolées de la municipalité de Vallis d'Aguilar. On utilise maintenant de petites installations éoliennes dans des dizaines de milliers de zones isolées du monde entier pour alimenter les équipements de communication, les instruments scientifiques et les systèmes de surveillance. Au pôle Sud, où les conditions climatiques sont très rudes et où les options en matière de sources d'énergie sont considérablement limitées par six mois d'obscurité, l'énergie éolienne est utilisée depuis plus de cinquante ans.

77

La Chine a montré comment résoudre les problèmes d'énergie des populations en couplant de petits systèmes uniquement éoliens ou mixtes (éolien/photovoltaïque) aux installations de chauffage solaire passif des maisons. Dans les vastes steppes reculées de la Mongolie-Intérieure où vivent environ 300 000 bergers répartis dans 1 100 petits villages depuis cinq ans, approximativement 120 000 fermes ont été équipées de 125 000 génératrices éoliennes autonomes et de systèmes photovoltaïques subventionnés par le gouvernement. Selon les estimations, à la fin de l'année 1996, 100 000 mètres cubes d'habitations et 4 300 000 mètres cubes d'étables ont été soit alimentés par électricité solaire, soit équipés de chauffage passif. Il y a actuellement en Chine une centaine d'usines fabriquant ces systèmes, dont 17 en seule Mongolie-Intérieure élaborent toute une gamme d'éléments. Ces usines produisent de petites génératrices (de 5 à 50 kilowatts), des pompes éoliennes et proposent des stages de formation aux populations locales. L'usine de machines agricoles de Tchangdu, l'un des plus gros producteurs mondiaux de petit matériel éolien, exporte ses produits vers plusieurs pays étrangers. L'énergie renouvelable figure au programme de nombreuses écoles et une vingtaine d'instituts de recherche emploient plus de mille scientifiques dans ce secteur.

78

L'intérêt se porte de plus en plus sur les fermes éoliennes basées en mer (ou fermes *off shore*) qui regroupent des ensembles de turbines éoliennes reliées au réseau terrestre par des câbles sous-marins. Elles pourraient générer de l'électricité sur de nombreux sites côtiers. Au Danemark, la première ferme éolienne de ce type fut inaugurée en 1992, à Vindeby, et plusieurs autres sont en projet. D'après le plan officiel Énergie 2000, l'électricité éolienne au large assurera 10 % des besoins du pays en 2005, soit l'équivalent d'une puissance installée de 1 500 mégawatts. De nombreux pays bénéficiant d'un littoral important pourraient tirer l'essentiel de leur électricité de fermes éoliennes situées sur des plates-formes au large, en mer peu profonde.

Selon les estimations, à la fin de l'année 1996, le parc éolien mondial totalisait approximativement 25 000 turbines éoliennes en service, d'une capacité installée d'environ 6 000 mégawatts, dont 40 % en Californie et au Danemark. L'Union européenne apporte son aide à des pays comme l'Espagne, où plusieurs projets d'exploitation d'énergie éolienne ont été mis en œuvre. L'installation d'aérogénérateurs d'une capacité totale de 4 000 mégawatts électriques est prévue pour l'an 2000 et de 8 000 mégawatts pour 2005, soit six fois

77. Représentation de Vayu, le dieu védique du vent, récemment exhumée près du temple Raja-Rani (XIIe siècle) à Bhuvaneshwar, en Inde.

78. Ce fermier thaïlandais travaille dans sa rizière irriguée par l'eau tirée d'un puits fonctionnant à l'énergie éolienne.

79-80. Indifférente au millier de turbines éoliennes de toutes tailles installées dans la vallée de Muppandal et la région de Perungudi battues par les vents, au Tamilnad, une femme mène paître ses animaux pendant que son mari travaille à la maison.

79

80

82

83

plus qu'en 1993. Globalement, l'Europe pourrait tirer du potentiel éolien de quoi couvrir un quart de la totalité de ses besoins électriques tandis que des pays comme le Mexique, l'Égypte, la Tunisie, l'Inde et l'Afrique du Sud devraient aisément pouvoir en tirer un cinquième des leurs. En outre, certains autres bénéficient d'un fort potentiel éolien : l'Argentine, le Canada, le Chili, la Chine, la Russie, l'Espagne, la Grande-Bretagne et de nombreux petits pays insulaires subtropicaux où les alizés soufflent en permanence.

Les populations adoptent l'énergie éolienne dans le monde entier, non seulement parce qu'elle est économiquement rentable, propre et sans danger, mais aussi parce que les moulins à vent font partie intégrante de leur culture et de leurs traditions. En Europe, en particulier, ils sont intégrés à la mémoire collective affective par les coutumes et les cérémonies qui scandent les joies et les peines des gens. Cette influence est évidente dans l'évolution des styles picturaux européens comme, par exemple, les chefs-d'œuvre de la Renaissance, les peintures flamandes de Bruegel représentant des moulins aux XVIe et XVIIe siècles, les croquis de Rembrandt, l'expressionnisme de Van Gogh et même les œuvres abstraites de Mondrian. Les aventures de Don Quichotte qui, prenant les moulins à vent pour des géants, voulut les pourfendre, ont inspiré Gustave Doré (1832-1888), l'un des plus prolifiques et plus célèbres graveurs français.

L'œuvre classique, très populaire, de Miguel de Cervantès montre l'ampleur et l'importance qu'avaient prises les moulins au début du XVIIe siècle. Elle est à l'origine d'expressions du vocabulaire européen comme « se battre contre des moulins à vent ». Pendant la Seconde Guerre mondiale, la position de leurs ailes fut souvent utilisée comme un code pour transmettre des messages secrets et des prières pour la sécurité des partisans qui se cachaient. Aujourd'hui encore, les moulins sont décorés de drapeaux et de bannières et, en fonction de la position de leurs ailes, ils annoncent les fêtes, les mariages, les funérailles et autres événements sociaux.

81. Au col d'Altamont, en Californie, une turbine éolienne illuminée présente les bons vœux des quelque 12 000 turbines d'une puissance de 3 000 mégawatts fin 1996.

82-83. Des installations d'exploitation de l'énergie éolienne ont été mises en service sur plusieurs cols ventés de l'Espagne comme celui de Tarifa. Des installations supplémentaires sont en projet : puissance 4 000 mégawatts pour l'an 2000 et 8 000 mégawatts pour 2005, soit une puissance six fois supérieure à celle de 1993.

84. (Pages suivantes). Turbines éoliennes sur le port d'Århus au Danemark. Les 3 700 turbines éoliennes du pays totalisant une puissance de 500 mégawatts sont pratiquement toutes reliées au réseau et gérées par des coopératives indépendantes, pour la plupart.

85

86

87

85. Le système « biénergie » diesel/énergie éolienne représente une alternative compétitive pour la génération d'électricité dans les régions isolées comme ici, en Finlande, sur la côte de Kopparnäs où il est testé par Neste.

86. Au Danemark, la première ferme éolienne au large a été inaugurée à Vindeby en 1992 et plusieurs autres sont actuellement en projet.

87. Cette ferme éolienne au large, près de Vindeby, est l'avant-garde du plan danois Énergie 2000 qui couvrira 10 % des besoins énergétiques du pays en 2005, soit l'équivalent d'une puissance installée de 1 500 mégawatts.

88

89

88. Turbines éoliennes à Blyth Harbour dans le Northumberland, en Angleterre. Projet Thermie de la Communauté européenne.

89. Chercheurs mesurant la vitesse du vent dans la vallée de Wright, en Antarctique, en vue d'élaborer une simulation des processus climatiques dans les vallées Sound Dry à McMurdo.

90. (Pages suivantes). Dans les vastes steppes d'une des régions isolées de la Mongolie-Intérieure, la famille d'un berger tient fièrement la pose devant sa yourte en compagnie de quelques-uns de ses 500 moutons. Sa yourte est l'une des 120 000 habitations à avoir été équipées de générateurs éoliens autonomes et de systèmes photovoltaïques subventionnés par le gouvernement depuis cinq ans.

L'énergie transparente de l'eau

Mâui-Akamai découvre la puissance prodigieuse de l'eau lorsque le soupirant éconduit de sa mère, Kuna l'anguille géante, en use pour intimider cette dernière tout d'abord en arrêtant le cours de la rivière Wailuku puis en inondant sa caverne. Mais grâce à l'énergie plus puissante encore de la vapeur d'eau, Mâui va vaincre Kuna en jetant des pierres volcaniques brûlantes dans la rivière. « La rivière donna naissance à Agni », l'énergie du feu, dit le *Rigveda*, et le dieu soleil Vishnu porte le nom de Surya Narayana, ou « dieu soleil se déplaçant dans les eaux », lorsqu'il dort sur le serpent de l'obscurité. La théologie égyptienne de Memphis voulait que Ptah soit la mer originelle, homme et femme à la fois, qui donna naissance au dieu soleil Aton. D'après un mythe chinois, le géant Kun ne parvint pas à endiguer les crues qui provoquaient la destruction de la vie et des biens ; c'est pourquoi son fils Yü adopta une nouvelle technique de construction des canaux pour évacuer l'eau vers la mer. En remerciement, il fut porté sur le trône et fonda la dynastie des Hsia.

La connaissance du mouvement cyclique et perpétuel des eaux – l'eau de mer se transformant en vapeur laquelle se condense pour retomber en pluie et retourner dans les océans – est probablement antérieure même aux premiers écrits qui nous sont parvenus sur le sujet. Xénophane disait de la pluie qu'elle venait de la mer, « qui engendre les nuages, les vents et les rivières ». Aristote était, quant à lui, plus spécifique lorsqu'il écrivait dans sa *Meteorologica* qu'à cause « de la chaleur du soleil, l'eau la plus pure et la plus douce s'élève quotidiennement dans l'air, disparaît sous forme de vapeur et monte dans des régions supérieures où elle est à nouveau condensée par le froid et retourne ainsi sur la terre. Donc, la mer ne peut jamais s'assécher, car, avant que cela puisse se produire, l'eau qui s'en est élevée auparavant y sera retournée. »

Bien que l'origine de l'eau qui sourd ou jaillit du sol ait longtemps été le sujet de spéculations fantaisistes, dès le XXVe siècle av. J.-C. l'art des sourciers et des hydrologues était déjà très évolué. Les tablettes d'argile mésopotamiennes font fréquemment référence aux canaux et aux citernes alimentant les villes situées entre le Tigre et l'Euphrate. Les lettres d'Hammourabi (environ 1760 av. J.-C.) mentionnent le nettoyage des canaux. Les Minoens dont la civilisation fleurit en Crète entre 2000 et 1400 av. J.-C. possédaient des installations sanitaires très sophistiquées dont l'eau de nettoyage était distribuée par un système d'aqueducs. Le grand aqueduc assyrien de Jerwan fut construit autour de 691 av. J.-C. sous Sennachérib et relié à des systèmes plus anciens pour apporter l'eau d'un affluent du Grand Zab jusqu'à Ninive, à quelque 80 kilomètres.

La construction des longs aqueducs souterrains, creusés à la main, connus en Arménie et en Perse sous le nom de *qanats* constitue l'une des grandes réalisations hydrologiques du monde antique. Les *qanats* tirent leur eau de dépôts de graviers perméables et de sables alluvionnaires charriés des chaînes de montagnes par les cours d'eau vers les terres plus sèches et de moindre altitude qui les bordent. Ces tunnels

91. Dans les eaux sacrées du Gange, un père et son fils rendent hommage au soleil levant. « L'eau donna naissance à Agni, l'énergie du feu », dit le **Rigveda** *et, dans la plupart des cultures ancestrales, le feu symbolise le soleil.*

92. Varuna est la plus ancienne divinité védique des eaux, comme Neptune. Maître des maisons lunaires, il est représenté nimbé d'un halo de lune. C'est lui qui fait briller le soleil et souffler le vent. Il a aussi creusé des lits aux rivières pour qu'elles aillent se jeter dans l'océan.

93

ont de 10 à 16 kilomètres de long et quelquefois jusqu'à 120 mètres de profondeur. Quelque 3 000 ans après leur construction, les *qanats* restent, en Asie centrale, un moyen essentiel d'approvisionnement en eau. En Iran, plus de 270 kilomètres de ces canalisations sont encore en usage.

Le *qanat* se transforma en aqueduc et, entre 312 av. J.-C. et 226, les Romains édifièrent onze ouvrages de ce type – souterrains pour la plupart ou, dans certains cas, reposant partiellement sur des arches – alimentés par des sources situées entre 15 et 90 kilomètres de Rome. Par une série de canalisations, l'eau descendait graduellement d'environ 250 mètres jusqu'à des citernes de distribution surélevées. Au Ier siècle, la ville en comportait 247. À partir de ces citernes, le système d'alimentation des conduites changeait, passant de l'alimentation par la gravitation à l'alimentation par basse pression. Lors de leur construction, on creusait, autant que possible, des tranchées et des tunnels dont la profondeur pouvait atteindre jusqu'à 15 mètres, voire davantage, munis de puits environ tous les 75 mètres afin d'éviter la formation de sas à air et de permettre inspection et nettoyage. En fonction de la date et du lieu de construction des tuyaux et des conduites, la nature des matériaux différait : adductions en pierre, canaux en maçonnerie, garnitures en bronze, tuyaux en pierre, en terre cuite, en bois, en cuir et en plomb. Dans les aqueducs les plus anciens, comme l'Appia, le canal était doublé d'un mur en tuf gris friable appelé *capellacio*. Le tuf est une roche poreuse dont la formation est provoquée par des concrétions dans les sources et les cours d'eau.

94

93. Paysage avec une ferme et un moulin. *Lithographie de Jan Dam Steuerwald d'après M. Hobbema.* **Avec l'aimable autorisation du Rijksmuseum, Amsterdam.**

94. Enfants alignés contre le joug qui sert à puiser l'eau d'un puits doté d'une chaîne et d'un seau dans le village de Muskipur, vallée de Bunair, Pakistan.

95

L'utilisation de la force de gravité et de la pression pour siphonner l'eau dans un tuyau ou une conduite pourrait être à l'origine de l'idée du moulin à eau. On attribue au général byzantin Bélisaire l'invention du premier moulin à eau flottant en 536. Les Grecs et les Romains commencèrent, eux aussi, à utiliser la force hydraulique, ainsi qu'en témoignent les textes d'historiens grecs du Ier siècle av. J.-C. qui décrivent comment les roues hydrauliques étaient utilisées pour moudre le maïs. Le premier modèle de moulin à eau à s'être répandu dans le nord de l'Europe semble avoir été le moulin norvégien, sans gouvernail. Il était fait d'une roue à eau, montée horizontalement et entraînant directement deux meules. On voit encore en Scandinavie et dans les Shetlands certains de ces moulins primitifs qui se répandirent également en Europe méridionale sous le nom de moulins grecs. En Angleterre, en 1086, le *Doomsday Book*, un registre des propriétaires terriens anglais et de leurs propriétés, recense 5 624 moulins dont la plupart probablement de ce modèle, bien qu'il soit fort possible qu'à cette date, la roue à aubes montée verticalement se soit déjà imposée, parce que mieux adaptée aux reliefs doux de l'Angleterre. Son utilisation s'étendait du foulage du textile, aux scieries, à la minoterie, au pompage de l'eau, au broyage des graines végétales pour la fabrication d'huile, et au fonctionnement de machines rudimentaires comme les soufflets.

96

On ne possède pas d'éléments permettant de penser que les Romains aient construit des barrages exceptionnels en Italie, bien que l'on puisse imaginer qu'il leur ait fallu de vastes réservoirs d'eau pour alimenter leurs nombreux

95. *Moulin à eau de la série* **Nova Reperta.** *Lithographie de T. Galle/H. Collaert.* **Avec l'aimable autorisation du Rijksmuseum, Amsterdam.**

96. Fermier pakistanais puisant l'eau d'un puits d'un modèle répandu dans l'ensemble des pays d'Asie, d'Afrique et d'Amérique Latine. Dans ces régions, la production agricole a augmenté depuis que les fermiers ont commencé à utiliser des serres faites de matière plastique comme on en voit au premier plan.

97

98

aqueducs. Dans le sud de l'Espagne, les deux barrages romains encore exploités de Proserpina et de Cornalbo montrent l'attention particulière que les Romains accordaient à leurs colonies. Haut de 12 mètres, le barrage de Proserpina a un noyau en ciment recouvert de maçonnerie et doublé de terre, ce qui permet de le considérer comme une préfiguration des barrages modernes en terre ou en remblai. Le concept du barrage de Cornalbo représentait, quant à lui, une évolution par rapport au précédent, avec son mur de maçonnerie fait d'alvéoles remplies de pierres ou d'argile et recouvert de mortier. Il diffère du barrage de Proserpina en ce que sa façade orientée vers l'amont est incurvée tandis que l'autre est plane. Les Romains ne comprirent pas totalement, semble-t-il, l'intérêt des structures arc-boutées jusqu'à ce qu'un ouvrage semblable – ancêtre du barrage-voûte moderne à « arc de gravité » – soit construit en 550 par les ingénieurs byzantins à Dâra, à la frontière turco-syrienne actuelle.

Jusqu'à la découverte de l'énergie hydroélectrique, les barrages étaient des ouvrages qui enjambaient les rivières, les ruisseaux ou les estuaires pour retenir l'eau destinée à la consommation, à l'irrigation, à l'écrêtement des crues, ou au remplissage des rivières afin qu'elles restent navigables même en période d'étiage. La plupart des barrages sont encore édifiés selon deux modèles classiques : barrages en maçonnerie (béton) ou barrages en remblai (terre compacte). Les barrages en maçonnerie sont spécifiquement adaptés aux régions montagneuses où ils servent, généralement, à contenir les cours d'eau qui coulent dans des gorges encaissées. En dépit de la hauteur parfois impressionnante de certains de ces barrages, la quantité totale de matériaux requise pour leur construction est relativement limitée. En revanche, les barrages en remblai sont plus adaptés au contrôle de cours d'eau plus larges, là où seule une vaste barrière exigeant un volume important de matériaux peut convenir. Un barrage comporte soit des conduites forcées, soit des canaux d'amenée, équipés de vannes pour contrôler le débit. Lorsque celles-ci sont ouvertes, l'eau emmagasinée en amont du réservoir descend vers la partie basse, en aval du barrage. L'eau qui se précipite et que les Grecs « siphonnaient » est habituellement injectée dans des turbines couplées à des générateurs installés près de la base du barrage pour produire de l'électricité.

Le plus ancien barrage connu aurait été construit sur le Nil, à Kosheish, où un ouvrage en maçonnerie, d'une hauteur de 15 mètres, fut édifié vers 2900 av. J.-C. pour alimenter Memphis, capitale du roi Menès. À Sadd-el-Kafara, à 30 kilomètres au sud du Caire, il existe des vestiges d'un barrage en terre recouvert de maçonnerie datant de 2 700 ans av. J.-C. environ. Ce barrage s'écroula peu après sa construction, lorsque, faute de déversoir, l'eau déborda au cours d'une crue. En Syrie, à Nahr al-

97-98. Moulins à eau destinés au broyage des céréales (vers 1743) à Opwetten-Nuenen, Pays-Bas.

99. Moulin de drainage (1581) à Streefkerk, Pays-Bas.

PIET MONDRIAAN.

101

102

'Asi, sur l'Oronte, se trouve le plus ancien barrage encore exploité puisque l'on situe sa construction aux environs de 1 300 ans av. J.-C. Il est fait d'une structure remplie de pierres d'approximativement 6 mètres de haut. Les Assyriens, les Babyloniens et les Perses construisirent tous des barrages entre 700 et 250 ans av. J.-C. pour l'alimentation en eau et l'irrigation. Le barrage en terre de Sadd al-Arim, haut de 14 mètres et long de près de 600 mètres, construit près de Marib, au Yémen, date de la même époque. Équipé de déversoirs, il alimenta un réseau de canaux d'irrigation pendant plus de mille ans. D'autres barrages furent construits à la même période à Ceylan (Sri Lanka), en Inde et en Chine.

En 240 av. J.-C., des espèces de fondations en pierre, hautes de 30 mètres et longues d'environ 300 furent construites sur la rivière Gukow, en Chine. À Ceylan, à partir du Ve siècle av. J.-C., les Cinghalais édifièrent de nombreux barrages en terre, moyennement hauts, très longs dans certains cas, pour former des réservoirs ou des citernes destinés à de vastes aménagements d'irrigation. Aux environs d'Anuradhapura, l'ancienne capitale, le réservoir de Kalabalala, formé par un barrage en terre de 24 mètres de haut, de près de 6 kilomètres de long, avait un périmètre de 60 kilomètres et retenait les pluies de mousson pour irriguer le pays. À Ceylan, nombre de ces citernes sont encore utilisées de nos jours. En Iran, un barrage-voûte d'avant-garde, le Kébar, fut construit au début du XIVe siècle. Fermant une gorge calcaire encaissée, sa crête atteignait 26 mètres et avait moins de 5 mètres d'épaisseur. Longue de 38 mètres, sa partie centrale incurvée prenait appui sur deux contreforts verticaux. Au Japon, le barrage de Diamonike, construit en 1128, avait une hauteur de 32 mètres. De nombreux barrages furent également construits au Pakistan et en Inde. Dans ce pays, un modèle en remblai dont les parois abruptes étaient tapissées de pierres taillées évolua pour atteindre son apogée avec la réalisation d'un ouvrage long de 16 kilomètres, le Veeranam, construit entre 1011 et 1037, dans le Tamilnad.

Après une longue période d'inactivité au Moyen Âge, la construction des barrages reprit au XVe siècle et se poursuivit sans discontinuer jusqu'au XXe siècle. Le Tibi, en Espagne, fait partie de cette vague de constructions (1579-1589). Ouvrage à structure voûtée, haut de 42 mètres, il resta le plus haut

100. Moulin au soleil, ***Piet Mondrian (1872-1944). Modèle employé pour le drainage.*** **Avec l'aimable autorisation de ABC. Mondrian Estate Holtzman Trust, New York.**

101. L'énergie éolienne est maintenant utilisée universellement pour pomper l'eau dans les régions isolées comme dans le désert du centre de l'Australie.

102. Un fermier et sa femme puisent l'eau d'un puits sous l'une des 19 turbines éoliennes installées dans le hameau de Bulak Baru, dans la région de Jepara en Indonésie.

103

d'Europe occidentale jusqu'à la construction, en France, du barrage du Gouffre d'Enfer près de trois siècles plus tard. En Europe, où les précipitations sont abondantes et bien réparties sur l'ensemble de l'année, la construction des barrages ne pouvait s'exécuter, avant la révolution industrielle, que sur une échelle modeste, leur vocation se limitant à la constitution de réservoirs pour les villes, au fonctionnement des moulins à eau et au remplissage des voies de navigation en période d'étiage. Plus tard, l'évolution des connaissances en matière de génie hydrologique et de propriétés des matériaux permit à des ingénieurs comme W. J. M. Rankine, professeur de génie civil à l'université de Glasgow, d'apporter une meilleure compréhension des principes de conception des ouvrages et de la performance des barrages. Ce qui provoqua une évolution dans les techniques de construction et la taille des ouvrages.

103. La centrale hydroélectrique d'Itaipú, (opération conjointe du Brésil et du Paraguay) comporte le plus vaste barrage du monde (longueur 7 760 mètres, hauteur 190 mètres). En Chine, le barrage en construction des Trois Gorges, plus important encore, arrêtera le débit du Yang-Tseu sur une largeur de 600 kilomètres, de Tchong-K'ing à Jinsha Jiang. Coût de l'ouvrage au terme de sa construction en 2009 : plus de 24,5 milliards de dollars.

104

À la fin du XIXe siècle, avec le développement de la première centrale hydroélectrique d'Appleton au Wisconsin, en 1882, l'énergie hydraulique entre dans une nouvelle ère. La station, de 12 kilowatts, produit suffisamment de courant pour alimenter environ 250 ampoules électriques. À la fin du siècle dernier et au début de celui-ci, le nombre et la puissance installée des centrales hydrauliques augmentent rapidement dans les pays industrialisés. Entre 1950 et 1995, la production mondiale d'énergie hydraulique est multipliée par plus de sept, passant annuellement d'environ 340 milliards de kilowattheures électriques à 2,5 trillions de kilowattheures, ce qui représente près de un cinquième de la production électrique mondiale. Bien que les ouvrages hydroélectriques exigent souvent des investissements initiaux de grande envergure – de centaines de millions à plusieurs milliards de dollars – ceux-ci sont largement amortis par

104. Au terme de sa construction, le complexe hydroélectrique canadien de La Grande sera le plus gros ouvrage jamais réalisé au monde. Commencée en 1973, dans le nord du Québec, sa construction nécessite que l'on détourne trois rivières, que l'on inverse le cours d'une quatrième, puis que l'on canalise l'ensemble jusqu'à La Grande Rivière qui se jette dans la baie James.

105

la durée de vie des centrales dont les coûts d'exploitation sont plus bas que ceux des centrales à combustibles fossiles ou des centrales nucléaires et parce qu'ils fonctionnent sans carburant et peuvent fournir du courant pour de longues durées.

Le stockage de grandes quantités d'électricité est réalisé de longue date par des stations de pompage. Leur principe de fonctionnement repose sur l'utilisation de deux réservoirs de dénivelés sensiblement différents. Lorsque les centrales de base (comme les centrales à charbon ou les centrales nucléaires) génèrent plus d'électricité que nécessaire, l'excédent est mobilisé pour pomper l'eau du réservoir inférieur et l'apporter jusqu'au réservoir supérieur de la station de stockage. Lorsque, au contraire, la production est inférieure à la demande, l'eau stockée dans le réservoir supérieur est libérée pour faire tourner les turbines du réservoir inférieur qui produisent de l'électricité et complètent la quantité d'énergie générée par les centrales de base. Depuis 1929, date à laquelle la *Connecticut Light and Power Company* construisit la première station d'accumulation par pompage de 32 mégawatts, cette méthode de stockage d'énergie est très largement utilisée dans

10

105. La taille de l'axe des turbines doit être proportionnelle aux énormes volumes d'eau traités. À Itaipú, ils ont un diamètre de 2,6 mètres, une hauteur de 5,5 mètres et pèsent 130 tonnes.

106. Les principales structures de l'ouvrage d'Itaipú sont : des barrages en remblai et en enrochement, une centrale, un canal de détournement, des conduites forcées et tuyaux d'amenée ainsi qu'un déversoir.

plus de 400 installations au monde, essentiellement en Europe occidentale, aux États-Unis et au Japon.

En Égypte, le barrage d'Assouan fut l'un des premiers ouvrages hydroélectriques géants à mettre en évidence les conséquences à la fois positives et négatives des projets de cette envergure. Certes, le réservoir d'un volume de quelque 42 600 000 mètres cubes, retenu par un barrage haut de 111 mètres et d'une longueur de crête de 3 830 mètres, a contribué à réguler les crues annuelles catastrophiques du Nil. Toutefois, nombreux sont ceux qui se demandent si les répercussions – écologiques et culturelles notamment –, le déracinement de grandes portions de population et le déplacement des fameux monuments de la vallée nubienne, justifient les milliards de dollars dépensés pour la réalisation du projet.

À la frontière du Brésil et du Paraguay, la centrale binationale d'Itaipú, sur le Paraná, avec son barrage long de 7 772 mètres, d'une hauteur à la crête de 225 mètres au-dessus du niveau de la mer, appartient, elle aussi, à la catégorie des ouvrages géants. Achevée en 1991 pour un coût de 18 milliards de dollars, la centrale électrique possède 18 générateurs de 700 mégawatts qui fournissent d'ores et déjà un total de 12 600 mégawatts. Cette puissance est supérieure à celle de tous les autres barrages comparables comme Guri, au Venezuela (10 300 MW), Grand Coulee aux États-Unis (6 500 MW) et les centrales russes de Sayano Shushenskaya (6 400 MW) et Krasnoyarsk (6 000 MW). La première des unités de la centrale d'Itaipú a commencé à générer de l'électricité en octobre 1984 et, à la fin de l'année 1995, en onze ans d'exploitation commerciale, Itaipú avait déjà produit 500 milliards de kilowattheures, fournissant annuellement 79 milliards de kilowattheures aux agglomérations de l'ensemble du Paraguay et aux zones industrielles du sud et sud-est du Brésil, y compris les deux plus grandes villes du pays, São Paulo et Rio de Janeiro. Le complexe, qui possède le plus fort potentiel hydroélectrique du monde (environ 40 000 mégawatts), devrait produire 500 milliards de kilowattheures supplémentaires dans les sept ans à venir.

Au Canada, le projet de La Grande, au nord du Québec, est encore plus impressionnant. Le chantier, débuté en 1973, a exigé que l'on détourne trois rivières, que l'on inverse le cours d'une quatrième, et finalement que l'on canalise l'eau de l'ensemble pour

107

108

107-108. Les bénéfices écologiques de la petite hydroélectricité comme cette centrale située aux chutes d'Aberdulais, à Neath, dans le pays de Galles, ont incité les pays industrialisés à construire de plus en plus fréquemment ce type d'ouvrages. Ainsi, en Suède, 1 350 centrales produisent 8 400 MW électriques tandis que les États-Unis possèdent 1 700 centrales d'une puissance de 3 420 MW et que les 1 400 usines italiennes ont une capacité de génération de 1 969 MW. En France, 1 500 ouvrages produisent 1 646 MW.

109

110

111

112

109-111. En Chine, 60 000 mini centrales hydroélectriques génèrent 13 250 MW et fournissent une source d'énergie durable aux communautés rurales. Des petites turbines fabriquées spécialement sont installées sur de très petites chutes d'eau aménagées le long de canaux alimentés par de vastes réservoirs.

112. Les évaluations de la Banque mondiale portant sur 31 pays en développement ont montré qu'au moins 28 d'entre eux s'étaient dotés de programmes pour développer leur petite hydroélectricité.

113

la déverser dans La Grande Rivière qui se jette dans la baie James. Trois centrales importantes : La Grande 2, 3, et 4, d'une puissance totale d'environ 10 282 mégawatts, ont été achevées en 1986 et quatre autres centrales édifiées depuis, sur les rivières La Grande, Brisay, et Laforge, ont porté la capacité du complexe à 14 960 mégawatts. Les maîtres d'œuvre, Hydro-Québec et SEBJ, ont en outre déposé des permis afin d'adjoindre au complexe deux centrales d'une capacité totale de 785 mégawatts. De plus, les compagnies électriques ont prévu deux projets hydroélectriques supplémentaires de grande envergure dans le nord du Québec : le complexe de Great Whale et celui de Nottaway-Broadway-Rupert. L'avenir de ces nouveaux projets est néanmoins remis en question en raison de leur impact négatif sur l'environnement des populations locales.

Dans le monde entier, la construction de barrages géants est de plus en plus contestée, essentiellement parce qu'ils perturbent l'équilibre écologique et culturel des régions concernées. Des études récentes sur les réservoirs de La Grande ont permis, par exemple, de découvrir des concentrations élevées de mercure dans l'eau et dans les poissons. Les scientifiques pensent que les sols inondés et les végétaux en décomposition libèrent du mercure soluble qui se concentre dans certaines espèces de poissons pour atteindre des niveaux élevés de toxicité. Par conséquent, les Amérindiens qui vivent des ressources halieutiques s'opposent au développement du projet. Les réservoirs ont, en outre, inondé des milliers de kilomètres carrés de nature vierge, habitat naturel de nombreux animaux comme l'ours noir, l'ours polaire, l'élan, le lynx et de nombreuses espèces de canards et d'oiseaux migrateurs. Par ailleurs, les tribus affirment que le développement industriel consécutif à la construction du complexe de La Grande a déstabilisé leur mode de vie traditionnel et provoqué un nombre croissant de problèmes sociaux comme la toxicomanie. À la suite d'une procédure engagée par les Indiens, un tribunal canadien a ordonné au gouvernement de mener des études d'impact complémentaires afin de déterminer s'il faut ou non poursuivre le projet de Great Whale.

Dans d'autres pays également, l'expression du mécontentement général se fait de plus en plus vive. Un tribunal malaysien a jugé inacceptable le barrage hydroélectrique de Pergau – un investissement de 5,5 milliards de dollars – qui devait être construit dans une forêt tropicale de Bornéo, estimant ce projet contraire aux valeurs tribales et aux lois relatives à l'environnement. L'opposition s'est encore durcie lorsqu'on a découvert que l'aide britannique pour le projet dépendait d'importantes ventes d'armes à la Malaisie. Au Japon, les Aïnous ont manifesté contre les pompages d'essai effectués dans le barrage de

113. Dans le monde entier, des millions de gens vivent de la pêche en eau douce et résident en permanence sur des bateaux, notamment en Asie dans les régions de delta, où l'habitat, le commerce et les voyages dépendent uniquement des voies navigables. Leur mode de vie s'est amélioré depuis que ces populations ont commencé à utiliser les systèmes photovoltaïques pour obtenir de l'électricité. Ce pêcheur vietnamien possède une variété d'appareils électriques alimentés par un panneau photovoltaïque installé sur le toit de son bateau. Il emploie, en outre, une lampe solaire pour pêcher la nuit.

114

115

Nibudani sur la Saryu à Hiratori, dans l'île d'Hokkaido, car le réservoir doit submerger un de leurs lieux saints. En Inde, on s'inquiète des dégâts que causerait aux monuments historiques et aux cultures traditionnelles la construction du barrage de Sardar Sarovar sur la Narmada. Près d'une centaine de lieux historiques sont susceptibles d'être immergés par le réservoir. Ce sont d'ailleurs les principales raisons pour lesquelles la Banque mondiale a retiré son soutien financier au projet.

Les Chinois ont adopté une double approche : en même temps qu'ils annoncent leur projet de développer pour l'an 2000 onze grandes centrales hydroélectriques d'une puissance de plus de 1 000 mégawatts chacune, ils se concentrent également sur la construction de petites installations. Dans la province du Hubei, à Jinsha Jiang, le barrage des Trois Gorges, sur le Yang-Tseu, figure parmi les plus importants des projets ci-dessus. Au terme de sa construction – dans une quinzaine d'années – l'ouvrage devrait avoir 2 309 mètres de longueur, une hauteur de 185 mètres et former un réservoir de 39,3 milliards de mètres cubes. Sa capacité de production sera de 18 200 mégawatts pour un coût estimé à approximativement 11 milliards de dollars. Grâce à la gestion des eaux du fleuve et à l'écrêtement des crues, le barrage devrait protéger des inondations les 15 millions de personnes qui vivent en aval et réduire de 100 millions de dollars en moyenne les dégâts annuels qu'elles provoquent dans la région. Par ailleurs, le niveau d'eau élevé, en amont du barrage, rendra le fleuve navigable jusqu'à Tchong-K'ing, situé à plusieurs centaines de kilomètres de là. La centrale générera annuellement environ 84 milliards de kilowattheures électriques.

La Chine est le premier pays pour le développement de la petite hydroélectricité avec, actuellement, environ 60 000 petites centrales d'une puissance totale de 13 250 mégawatts. Ces installations représentent à peu près 30 % du parc hydroélectrique chinois et fournissent une source d'électricité fiable et durable aux communautés rurales qui n'ont que peu ou pas d'autres sources d'énergie. Les équipements de génération des centrales sont généralement fabriqués par de la main-d'œuvre locale et avec du matériel chinois, ce qui crée des emplois et réduit la dépendance aux technologies étrangères. Selon les estimations, au moins 60 usines d'un effectif global de plus de 8 000 personnes travaillent pour la fabrication des divers éléments de construction de ces petites centrales. Les évaluations de la Banque mondiale montrent que, sur 31 pays en développement, dont certains ont plus que doublé leur capacité hydroélectrique au début des années 80, 28 d'entre eux au moins ont instauré des programmes pour développer leur petite hydroélectricité. La Suède,

114-115. Parce que 70 % des 950 millions d'Indiens vivent dans 600 000 villages isolés, les pompes solaires sont destinées à jouer un rôle important. Ici, une femme du Tamilnad étend ses saris pour les faire sécher après les avoir lavés à la pompe à eau alimentée par le photovoltaïque.

avec à peu près 1 350 centrales (8 400 mégawatts), les États-Unis avec 1 700 centrales (3 420 mégawatts), l'Italie avec 1 400 centrales (1 969 mégawatts) et la France avec 1 500 centrales (1 646 mégawatts) figurent parmi les pays industrialisés les plus impliqués dans le développement de petites structures hydroélectriques.

En Europe, la notion originelle d'hydrologie s'est muée en observation scientifique pendant la Renaissance grâce aux travaux effectués par des génies comme Léonard de Vinci. Depuis, un savoir et des concepts scientifiques nouveaux ont émergé avec l'apparition d'instruments de recherche comme les ordinateurs et la technologie nucléaire. Un des nouveaux concepts appréhende le cycle hydrologique comme un système séquentiel dynamique constitué d'une prise (ou consommation), d'une production et d'un véhicule actif (ou quantité traitée) – l'eau – qui traverse ce système. Selon ce concept, le réservoir de drainage ou le bassin versant, par exemple, est un système dont les précipitations et l'absorption terrestre de l'eau représentent la captation tandis que l'évaporation, l'infiltration et le ruissellement sont considérés comme la production, le vecteur étant l'eau qui transite par le bassin. Avec cette grille de lecture, le cycle hydrologique peut être aisément interprété par les techniques modernes d'analyse et l'on peut élaborer des simulations par ordinateur et modèles mathématiques.

116

117

116-117. Aux Pays-Bas, le courant était fourni autrefois par les moulins à eau. Des systèmes photovoltaïques les ont remplacés et assurent maintenant une alimentation électrique fiable dans des régions reculées comme ici, au déversoir de Dalfen.

118. Ces trois femmes du Radjasthan, en Inde, attendent impatiemment le jour où elles profiteront, elles aussi, du luxe des pompes solaires mettant un terme aux files d'attente et aux courbatures que leur coûte le pompage manuel à la pompe du village.

L'énergie bleue des océans

Dans la version grecque de la Genèse, la terre (Gaia ou Gê) s'unit au ciel (Uranus) et donna naissance à la mer (Pontus). Elle se sépara ensuite du dieu de la mer (Poséidon) pour devenir le reste de l'univers, montagnes comprises. On trouve dans le monde entier de nombreuses versions de cette croyance selon laquelle c'est de l'océan que sortit la terre. Grâce à sa force prodigieuse réputée, Mâui tira du profond océan le poisson géant Ulua qui détenait le pouvoir de se métamorphoser en limon. Dans un mythe védique, lorsque les dieux affaiblis supplient le dieu soleil de leur accorder un regain d'énergie et l'immortalité, Vishnu intervient en barattant l'océan pour en tirer *amrita* « l'eau de vie ». Selon un mythe sumérien, quand les dieux envoyèrent le déluge pour détruire les « graines de l'humanité », Ziusudra (l'équivalent du Noé de la Bible) se prosterna devant le dieu soleil Utu qui sortit alors de la mer pour illuminer et réchauffer la terre et créa ainsi « le pays du divin paradis où se lève le soleil ».

Nous avons maintenant la preuve scientifique que la vie vient de la mer, vaste masse d'eau qui recouvre 71 % de la surface du globe. Elle constitue une immense réserve d'énergie solaire à l'origine des courants marins et des vents qui, par réchauffement solaire et refroidissement, précipitation et évaporation, produisent les vagues à sa surface. Selon les estimations, la quantité d'énergie solaire absorbée chaque semaine par les océans tropicaux équivaut, approximativement, à la teneur énergétique de l'intégralité des réserves pétrolières du globe, soit environ un trillion de barils. Le flux énergétique total que déploient les vagues en se brisant sur les côtes de l'ensemble de la planète est de l'ordre de deux à trois millions de mégawatts, ce qui correspond à peu près à la puissance de 3 000 centrales géantes. Le cycle des marées disperse une quantité d'énergie sensiblement égale à celle des vagues. L'énergie solaire emmagasinée représente une ressource potentielle pour l'alimentation de moteurs thermiques capables de transformer l'énergie thermale de l'océan en énergie électrique. Différents systèmes ont été mis au point pour exploiter l'énergie des vagues qui est considérable mais très difficilement récupérable car elle est dispersée sur des millions de kilomètres carrés de surface océane et des dizaines de milliers de kilomètres de littoral.

L'énergie de la houle : Les vagues se forment sous l'influence du vent qui souffle à la surface de l'eau. Leur taille et leur teneur énergétique dépendent de sa vitesse, de sa durée et de sa portée, distance sur laquelle il souffle à la surface de l'océan. Alors qu'au Japon Masuda travaillait sur l'extraction de l'énergie marine depuis 1945, dans les autres pays, ce n'est que dans les années 70 que la recherche visant à convertir l'énergie de l'océan en électricité a activement commencé, dans une dizaine de directions différentes. Des programmes intensifs d'essais sur maquettes ainsi que de la recherche théorique entrepris par de brillants mathématiciens, notamment en Norvège et en Grande-Bretagne, ont permis de réduire la taille moyenne des centrales et d'obtenir un meilleur rendement de conversion de l'énergie de vagues de plus en plus longues. Des turbines spéciales et des engins

19

***119. Dans le mythe de la création du Tao, Fuxi et Nügua émergeant de l'océan, mi-humains mi-reptiles, représentent le soleil et la lune. Symboles de la créativité et du renouveau, Fuxi tient une équerre de menuisier et Nügua des compas. Peinture sur chanvre du VIIe siècle, Turfan, Chine.* Avec l'aimable autorisation du musée national de Corée, Séoul.**

***120. Icône grecque en or du IIIe siècle av. J.-C. représentant Hélios, le dieu du soleil.* Avec l'aimable autorisation du musée du Louvre, Paris.**

121. (Pages suivantes). Vue aérienne des houlogénérateurs mis en service en Norvège sur l'île de Toftestallen à la fin de l'année 1985. La station a été construite par Kvaerner sur le modèle des colonnes à eau oscillantes.

hydrauliques ont été mis au point pour en collecter l'énergie et les premiers essais de modèles en vraie grandeur furent réalisés en 1982 quand plusieurs équipes britanniques et d'autres chercheurs, ailleurs dans le monde, pensèrent avoir trouvé la solution.

Des quatre modèles d'interface existants, les dispositifs d'exploitation de la houle symétriques à la direction des vagues sont les plus simples. L'eau agit par pression sur des interfaces. On peut doubler la production en brisant la symétrie des vagues unidirectionnelles afin d'en éviter la réflexion. La méthode la plus commune est la conjonction eau-air utilisée dans les dispositifs appelés colonnes à eau oscillantes développés au Japon par Masuda et qui ont été très largement adoptés depuis. La pression peut également être transmise à l'air contenu dans une enveloppe souple comme l'avait, le premier, proposé Michael French à l'université de Lancaster. Ce système sera développé plus tard par les Sea Associates avec leur *clam* conçu à l'école Polytechnique Lanchester de Coventry. Par ailleurs, des modèles comme les radeaux de sir Christopher Cockerell en Grande-Bretagne et de Glen Hagen en Amérique, la balise de Budal et Falnes à Trondheim, le cylindre immergé de David Evans à Bristol et le « canard » de Steven Salter développé à l'université d'Edimbourg, permettent également de transmettre la pression de l'eau à des structures rigides mobiles.

À l'origine, le projet de Masuda se présentait sous la forme d'une sorte de caisson renversé, ouvert à la mer par sa base. L'action des vagues provoquait la montée et la descente de l'eau à l'intérieur du caisson par pression alternative sur l'air retenu dans sa partie supérieure. Ainsi canalisé, l'air comprimé par le mouvement de l'eau était conduit par un tuyau vertical jusqu'à une turbine qui produisait l'électricité pour l'éclairage et les autres équipements de la bouée. Au début des années 60, la Japanese Maritime Safety Agency a commencé à utiliser des balises de contrôle maritime et météorologique alimentées par l'énergie des vagues et, depuis, des centaines de bouées analogues de 70 et 120 watts ont été installées, dont une grande partie équipées de microprocesseurs pour gérer la pression des vagues.

Les chercheurs japonais qui, depuis 1977, testent des dispositifs pour capter l'énergie de la mer à Kamei, en mer du Japon, ont découvert qu'une portion significative de la production électrique de cette station pouvait être transférée à des installations terrestres. Cependant, le coût élevé du courant généré à Kamei a conduit les scientifiques à effectuer des essais complémentaires en 1985 et 1986 et à tester différents types de turbines visant à améliorer le rendement de conversion de l'énergie de la houle et à en abaisser le coût de production. À partir du milieu des années 80, la centrale de Kamei a donc servi de plate-forme pilote. De nombreux dispositifs de conversion, plus compacts, ont été testés depuis, dans diverses autres régions côtières du Japon. C'est ainsi qu'en 1983, les chercheurs du Japan Marine Science and Technology Centre (Jamestec) de Yokosuka ont expérimenté le premier système japonais à colonne oscillante sur une côte rocheuse près de la ville de Tsuruoka sur la côte nord-ouest. Son rendement n'a pas atteint le seuil de 40 kilowatts que l'on en attendait puisqu'il n'a produit qu'une moyenne de 11 kilowatts. Depuis 1989, des chercheurs du Japan's Port and Harbor Research Facility testent une installation à colonne oscillante de 50 kilowatts installée sur une jetée du port de Sakata.

À Katagai, dans la ville de Kujukuri, au large de Tokyo, la société japonaise Takenaka a construit une centrale électrique d'exploitation de l'énergie des vagues, de taille utilisable, qui comporte un système de caisson à pression d'air constante. L'installation consiste en dix systèmes à colonne oscillante d'une capacité de génération totale d'environ 30 kilowatts (ce qui est suffisant pour alimenter dix maisons en électricité) alignés sur un quai face à la mer. Subsidiairement, ces systèmes dispersent l'énergie des vagues qui ne peut être récupérée. Le mécanisme à pistons qui contrôle les flux d'air est placé dans une structure cylindrique dont l'ouverture est immergée. Ce système à colonne oscillante comporte plusieurs éléments originaux. Un caisson à pression d'air constante module la pression variable de l'air transmis par le tuyau afin que le flux destiné à l'alimentation des turbines conserve toujours la même pression. Le cas échéant, le caisson peut également stocker temporairement de l'air sous pression. De plus, en flottant de bas en haut, il régule les flux d'air variables provenant des conduits d'admission et, simultanément, permet au conduit d'émission d'alimenter la turbine en

122

122. Cet ange de Piero Pollaiuolo (1443-1496) tenant d'une main un miroir (symbole solaire) et un reptile (symbole aquatique) de l'autre, était une image favorite des marins de la Méditerranée pendant la Renaissance. **Avec l'aimable autorisation du musée des Offices, Florence.**

123. Le dispositif construit par Kvaerner consistait en un cylindre d'acier haut de 18 mètres en forme de bouteille sans fond placé sur le rivage. Les vagues faisaient varier le niveau d'eau en constante oscillation dans la bouteille, provoquant un flux d'air qui entraînait une turbine Wells générant jusqu'à 500 kilowatts.

KVÆRNER
HEGER · 87

125

flux d'air constant. Lorsque, en raison d'une faible activité des vagues, l'énergie développée (courant alternatif triphasé) est basse, la production du réseau vient compenser le déficit, tandis qu'en revanche, lorsque l'énergie récupérée est excédentaire, le surplus est absorbé par une résistance.

Les Japonais ont conçu et expérimenté un autre type de houlogénérateur, le *Mighty Whale*, qu'ils ont testé sur des maquettes. Il s'agit d'une plate-forme flottante mouillée au large, équipée de générateurs à colonne oscillante, prototype d'une centrale plus importante capable de « récolter » jusqu'à 60 % de l'énergie des déferlantes et d'en réduire la hauteur moyenne d'environ 80 %. Implantée sur le littoral, une série de ces centrales pourrait non seulement générer de l'électricité, mais également contribuer à l'aménagement des régions côtières en créant des zones abritées propices à l'aquaculture et aux activités nautiques comme la natation et le surf.

En 1991, l'Institut indien de technologie de Madras a terminé la construction d'une première installation de houlogénérateur près de Trivandrum, dans l'État du Kérala. Représentant un investissement de un million de dollars, la centrale, conçue sur le principe de la colonne d'eau oscillante, possède une capacité de génération maximale de 150 kilowatts. Les ingénieurs indiens tablent sur un productible moyen de 25 kilowatts de septembre à mars, période de relative tranquillité de la mer, et d'environ 75 kilowatts d'avril à novembre, lorsque la mer est plus agitée. C'est pendant la mousson d'été, avec une puissance susceptible d'atteindre 120 kilowatts, que la quantité maximale d'énergie devrait être générée. Le gouvernement du Kérala a désigné une dizaine d'autres sites appropriés au développement de projets d'exploitation de l'énergie de la houle et déjà proposé la construction d'une centrale de 2 mégawatts près de Quilon, au sud du pays.

En Europe, à la fin de l'année 1985, les deux premiers prototypes de générateurs à houle ont été mis en service sur l'île de Toftestallen, à environ 30 kilomètres au nord-ouest de Bergen, en Norvège. Construite par Kvaerner, l'une de ces deux stations fonctionnait sur le principe de la colonne oscillante et consistait en un cylindre d'acier, en forme de bouteille sans fond. Haut de 18 mètres, ce cylindre, dont une partie était immergée, était placé sur le littoral. La performance avait été améliorée en modifiant la forme de la structure immergée sur laquelle on avait aménagé une ouverture latérale. Des « mouillages » – innovation norvégienne – avaient également été ajoutés pour induire une résonance secondaire. Lorsque les vagues venaient frapper la bouteille, l'eau, en oscillation

124. (Pages précédentes). Une série de stations de Kvaerner installées sur le littoral pourrait produire de grandes quantités d'électricité, comme le montre cette scène imaginée par un peintre.

125. Le système à « débordement du chenal » (Tapchan) comporte un chenal calibré creusé dans la falaise. Les vagues y sont canalisées à partir d'une ouverture sur la mer. Le rétrécissement progressif de l'ouvrage provoque la montée du niveau des vagues jusqu'au sommet de la construction. De là, elles débordent dans une lagune de stockage. L'eau coule ensuite hors de celle-ci jusqu'à la mer dans laquelle elle se jette en traversant une turbine Kaplan de 350 kilowatts.

126

continue à l'intérieur de la colonne, montait dans le système en provoquant un flux d'air qui entraînait une turbine Wells pouvant atteindre 500 kilowatts de puissance. Ce système à colonne oscillante fonctionna de façon satisfaisante pendant quatre ans jusqu'à ce que, lors d'une violente tempête, en décembre 1988 des vagues hautes de 10 mètres détruisent la station.

À la différence des dispositifs ci-dessus, l'installation dite à « débordement de chenal » (aussi appelée Tapchan par les Anglo-Saxons) construite en 1985 à Toftestallen, en Norvège, par Norwave, consiste en un interface fixe. Conçu par Even Mehlum, le système, d'une puissance d'environ 350 kilowatts, consiste en un chenal calibré, en forme d'entonnoir, taillé dans les falaises suivant une forme très précise et de dimensions calculées pour assurer la résonance avec le spectre local des vagues. Les vagues viennent s'engouffrer dans un collecteur en ciment de 92 mètres de longueur, en forme de corne, dont l'ouverture à la mer est d'environ 600 mètres. Le chenal va en se rétrécissant, partant d'une largeur de 3 mètres à son entrée pour n'être plus large que de 30 centimètres à son extrémité avec un calibrage qui commence 7 mètres au-dessous du niveau de la mer pour s'élever jusqu'à environ 3 mètres au-dessus. Le rétrécissement des parois provoque la montée du niveau des vagues jusqu'à ce que l'eau atteigne le bord de l'une d'entre elles et déborde dans une lagune de stockage de 8 000 mètres carrés. L'eau s'écoule ensuite hors de la lagune pour retourner se jeter dans la mer en traversant une turbine Kaplan de 350 kilowatts.

L'idée est voisine des travaux avant-gardistes de Noel Bott à l'île Maurice dans les années 50. Il proposait que l'on construise, au large de l'île, sur les récifs de corail, une barrière équipée d'un réservoir de retenue à l'arrière. Cette méthode aurait permis de stocker l'eau puis de la turbiner au cours de son retour vers le large. En 1995, Norwave et Sintef, en coopération avec Indonor A.S. (basé en Norvège) ont signé un accord avec l'organisme indonésien Indonesian Agency for the Assesment and Application of Energy (BPPT) pour la conception et la construction d'un dispositif à « débordement de chenal » clé en main de 1,2 mégawatt, à Baron, sur l'île de Java. Dans le prototype du dispositif de Toftestallen, le travail d'excavation des falaises avait été moins précis qu'il aurait dû. Ce défaut sera corrigé pour la station indonésienne dont les travaux ont déjà débuté.

La recherche sur les systèmes dits de « convergence » fut entreprise en 1969 par Even Mehlum. Ce ne sont pas des centrales, mais plutôt des installations passives qui utilisent les vagues de l'océan pour

126. Le chenal calibré des systèmes Tapchan est, en fait, une « pompe à eau » dans laquelle l'énergie de la houle fait monter le niveau de l'eau jusqu'à un réservoir élevé. Une station de ce type a été implantée à Baron, sur l'île de Java, en Indonésie.

en concentrer le flux énergétique dispersé. Il peut s'agir soit de barrières construites par l'homme à l'aide, par exemple, de caissons en ciment, soit d'obstacles inhérents à la topographie des lieux comme les récifs qui modifient la direction des vagues et leur hauteur de telle sorte que l'énergie concentrée sur une petite surface en augmente l'amplitude et la puissance. Sur ce point de convergence, les vagues sont plus grandes que dans les zones adjacentes et l'eau peut être dirigée dans un réservoir.

127

L'Union européenne encourage la recherche sur la récupération de l'énergie de la houle par les dispositifs à colonne oscillante avec la mise en œuvre de projets en Angleterre, en Irlande et au Portugal. Les Portugais envisagent l'installation d'un système à colonne oscillante sur la côte rocheuse de Pico, aux, Açores. Près de Portnahaven, sur la côte d'Islay aux îles Hébrides, un autre système a été installé dans un goulet, sur un site où l'activité est intense. Avec sa capacité de 100 kilowatts, ce système de génération d'énergie (connecté au réseau) qui combine couloir de résonance et colonne d'eau oscillante fut, en 1991, le premier système de cette nature totalement opérationnel en Angleterre. À l'instar de l'installation norvégienne à colonne d'eau oscillante, la centrale de génération par la houle d'Islay consiste en une colonne oscillante équipée d'une génératrice à turbine Wells. Il existe, par ailleurs, un système de production d'énergie par la houle radicalement différent : il a la forme d'un coquillage circulaire – d'où son nom de *clam* – dont la circonférence est d'environ 61 mètres. Réalisé en Angleterre par un groupe de chercheurs de l'école Polytechnique de Coventry, il pourrait produire jusqu'à 2 mégawatts électriques. Ces *clams* sont pratiques pour deux raisons : faciles à ancrer au fond marin, au large, ils peuvent regrouper l'équivalent d'une grosse centrale électrique ou bien être exploitables en petites unités individuelles pour alimenter en énergie les petites îles ou les agglomérations côtières isolées non raccordées à un réseau d'énergie électrique.

Il existe aussi des capteurs qui épousent le profil des vagues. Cette invention française, brevetée en 1799, avait initialement la forme d'un flotteur ondulant. Il était amarré à un bateau et courait jusqu'au littoral de sorte que les mouvements du bâtiment causés par les vagues provoquaient la montée et la descente de cette espèce de long levier, les oscillations captées actionnant une pompe ou d'autres appareillages. L'idée étant qu'en reliant ensemble deux objets flottants ou un objet flottant à une plate-forme fixe, on pourrait transmettre l'énergie de l'eau en mouvement soit à un dispositif mécanique, soit à un fluide actif comme l'eau ou l'air, l'énergie captée dans le fluide actif pouvant alors être convertie en électricité par une turbine. Une nouvelle méthode dite de « contrôle de phase », consistant à piloter le déplacement des capteurs de surface et des systèmes à colonne oscillante pour en optimiser la production d'énergie a été inventée en Norvège par Kjell Budal dans les années 70. De tels systèmes sont capables de capter l'énergie des vagues d'une surface océane beaucoup plus vaste qu'eux.

Il fallut pourtant attendre 1974 pour que le premier concept de système de capteurs à haut rendement – le « canard » de Salter – soit développé par Steven Salter et ses collègues à l'université d'Édimbourg. Ses éléments en forme de came, ressemblant un peu à la tête d'un canard avec son bec, sont emboîtés l'un dans l'autre en série pour former une épine rigide parallèle au front des déferlantes. Les « becs » des canards sont installés directement dans les vagues dont la puissance, en les frappant, fait pivoter les « canards » autour de leur axe. C'est ce mouvement qui actionne le système de pompage hydraulique lequel va alimenter,

127. Le débit important d'eau riche en oxygène pourrait permettre d'utiliser les réservoirs des dispositifs à « débordement du chenal » pour la pisciculture ou pour aménager des stations balnéaires.

128. Les systèmes de convergence sont en fait des installations passives qui utilisent les vagues pour en concentrer l'énergie dispersée. Ici, une expérience de focalisation dans un bassin d'essai extérieur, à Oslo.

à son tour, un générateur électrique. Dans des circonstances favorables, lorsque les vagues sont hautes, les canards de Salter sont censés capter plus de 80 % de l'énergie des déferlantes.

Installé au large sur une ligne continue parallèle à la côte, un ensemble de houlogénérateurs tendrait à réduire et l'énergie et la taille des vagues qui viennent toucher les côtes à proximité, affectant ainsi l'équilibre écologique du milieu puisque la plupart des poissons et du plancton ont pour habitat les zones relativement peu profondes, proches du littoral. Quant aux systèmes de convergence des vagues, ils contribuent à accentuer l'érosion des zones où les vagues amplifiées atteignent le rivage et ils augmentent, subsidiairement, la sédimentation dans les zones adjacentes où la hauteur des vagues a été réduite. Contrairement à ce qui précède, les réservoirs créés par les systèmes dits à « débordement de chenal » n'ont pas d'impact négatif sur l'environnement. Contenant de l'eau fraîche, riche en oxygène, dans un environnement protégé et contrôlable, ils peuvent également être utilisés pour la pisciculture. Par ailleurs, lorsque la demande d'énergie du réseau est faible, l'excédent de production peut servir à fabriquer de la glace pour la congélation du poisson. Une étude préliminaire réalisée pour les Açores indiquait que la valeur d'un poisson élevé en réservoir serait en fait supérieure au coût de production de l'électricité. Comme un certain nombre de facteurs influencent la répartition des micro-organismes et des poissons dans la mer et les réservoirs côtiers, de nombreux pays étudient actuellement l'impact des systèmes d'extraction de l'énergie marine sur la vie océane.

L'énergie des marées : 2 000 ans av. J.-C., les Égyptiens connaissaient déjà la relation existant entre les marées, les mascarets et le cycle de la lune. L'érudit chinois Wang Ch'ong, qui écrivait au Ier siècle de notre ère, déclarait d'ailleurs que « la montée de la vague suit la croissance et la décroissance de la lune et que les phénomènes naturels de la terre et du ciel sont les mêmes depuis la nuit des temps. Lorsqu'une rivière se jette dans la mer, rien ne se produit sinon un mouvement rapide, mais lorsque la mer pénètre dans les rivières, les eaux commencent à rugir et écumer en raison, sans doute, de l'étroitesse, de la petite taille et du peu de profondeur de leur lit... »

Les marées sont des phénomènes complexes dus non seulement à l'influence des masses du soleil et de la lune sur la gravité terrestre, mais aussi à la rotation de la terre autour de son axe et au mouvement des masses océanes. Les marées sont exploitées comme source d'énergie depuis le XIe siècle au moins, époque à laquelle

128

129

des moulins mus par leur énergie furent construits le long des côtes d'Angleterre, de France et d'Espagne. Jusqu'au milieu du XIXe siècle – c'est-à-dire récemment – les moulins à marée étaient inhérents au paysage de certaines régions d'Europe, d'Asie, et d'Amérique du Nord. Cependant, au début du siècle, l'hydroélectricité et les combustibles fossiles fournissant désormais une source d'énergie meilleur marché, l'extraction de l'énergie de la marée fut pratiquement abandonnée. Néanmoins, dans les années 50 et 60, l'augmentation rapide de la demande d'énergie ainsi que les progrès réalisés en matière de méthodes de construction et de techniques de production d'énergie provoquèrent un regain d'intérêt pour l'énergie marémotrice.

Une vaste centrale marémotrice de 240 mégawatts fut construite entre 1961 et 1966 en Bretagne, sur l'imposant estuaire de la Rance. À cet endroit, la marée monte et descend dans l'estuaire avec un débit maximal de 18 000 mètres cubes par seconde, et le record d'amplitude des marées d'équinoxe y est de 13,5 mètres. Le barrage est installé dans une digue de 750 mètres de longueur qui barre complètement l'embouchure. Assise sur des fondations de granite qui descendent 13 mètres au-dessous du niveau de la mer, cette digue forme un réservoir de 184 millions de mètres cubes qui s'étend sur environ 20 kilomètres en amont. Sur sa rive gauche, une écluse permet le trafic maritime. L'usine est équipée de 24 groupes bulbes, comporte une chaussée permanente de crête ainsi que 6 vannes de chasse permettant remplissage et vidange rapides de l'estuaire.

Le principe opérationnel de la centrale marémotrice de la Rance et d'autres usines dans le monde est analogue à celui du moulin à marée traditionnel dans lequel l'énergie était récupérée par un système de barrage équipé de vannes d'écluse et d'une roue à aubes. Grâce à l'invention française des groupes bulbes, les turbines peuvent fonctionner dans les deux sens d'écoulement, à marée montante et descendante, de telle sorte que l'énergie est produite à la fois durant le

129. Une centrale de génération d'énergie à partir de la houle comportant un système de cuve à pression d'air constante a été conçue et construite à Chiba, au Japon. Sa production maximale est de 30 kilowatts, ce qui suffit à alimenter dix habitations en courant électrique. Son excédent de production permet d'alimenter une pompe sous-marine et une soufflerie utilisées pour la pisciculture, dans un élevage de flets.

130

remplissage et lors de la vidange du réservoir*. Dans cette centrale, les 24 turbines d'une capacité de 10 mégawatts chacune développent annuellement jusqu'à 600 millions de kilowattheures, soit la couverture de 90 % des besoins en électricité des 300 000 habitants de la ville de Rennes. Un système de protection cathodique de 20 kilowatts protège les équipements des effets corrosifs de l'eau de mer. Le succès de cette réalisation ainsi que le nouvel équilibre écologique auquel on est parvenu – si l'on se réfère à la diversité des espèces qui prolifèrent actuellement dans la Rance et ses environs – ont incité Électricité de France à proposer la construction d'une centrale marémotrice de 30 000 mégawatts à l'embouchure de la baie du Mont-Saint-Michel. Malheureusement, les autorités françaises ont employé les fonds disponibles pour la construction de centrales nucléaires, problématiques pour l'environnement.

La première centrale marémotrice nord-américaine a commencé à produire de l'électricité en août 1984. Implantée sur l'Annapolis, à environ 160 kilomètres à l'ouest d'Halifax, en Nouvelle-Écosse, la centrale de 17,8 mégawatts produit approximativement 30 à 35 millions de kilowattheures par an. Lorsque la marée monte, l'eau de mer s'écoule par les vannes ouvertes de l'écluse jusqu'au réservoir situé derrière un barrage en enrochement de 230 mètres de longueur. Lorsque la marée commence à redescendre, les vannes se referment pour que le niveau de l'eau retenue dans le réservoir reste supérieur à celui qui se trouve à l'extérieur. Quand la différence de niveau a atteint 1,5 mètre au moins, les vannes s'ouvrent et les génératrices commencent à produire l'électricité. La centrale atteint sa production maximale lorsque la différence de niveau entre amont et aval est de 5,5 mètres.

Les services électriques canadiens ont envisagé l'implantation de centrales marémotrices de taille beaucoup plus imposante dans les baies et bassins adjacents à la baie de Fundy, là où, avec des différences de niveau allant jusqu'à 16,5 mètres, l'ampli-

***130.** Le dispositif à colonne oscillante qui transforme l'énergie de la houle en pression atmosphérique est fixé à des convertisseurs installés en groupe sur une jetée, une digue ou une falaise. Les convertisseurs fonctionnent également comme système de dispersion pour atténuer l'énergie de la houle qui ne peut être exploitée.*

* Alimentés en énergie par le réseau, les groupes peuvent aussi fonctionner en cycle bilatéral de pompage et de turbinage. *(N. du T.)*

131

tude des marées est la plus forte du monde. À la fin des années 70, le Conseil d'experts de la centrale marémotrice de la baie de Fundy a entrepris l'examen de plus de vingt sites de construction potentiels en Nouvelle-Écosse et au Nouveau-Brunswick. Trois sites ont été retenus comme porteurs du meilleur potentiel de développement. Selon le Conseil d'experts, l'un des plus prometteurs, Cobequid Bay/Minas Basin, en Nouvelle-Écosse, pourrait générer environ 3 800 mégawatts. Cependant, aucun projet de construction de centrale marémotrice n'est en cours au Canada en raison des coût prévisionnels de construction trop élevés et parce qu'il existe, en outre, des sources d'énergie alternatives, facilement accessibles, y compris des ressources hydroélectriques non encore exploitées.

En République populaire de Chine, l'exploitation de l'énergie marémotrice a commencé en 1956 avec l'installation d'une centrale de 40 kilowatts à Shashan et, depuis, huit centrales marémotrices d'une capacité totale de 6 210 kilowatts ont été construites. La première centrale marémotrice chinoise capable de produire de l'électricité dans les deux sens d'écoulement

131. Vue aérienne de l'usine marémotrice de la Rance, sur l'estuaire du fleuve, montrant la première centrale marémotrice construite en France entre 1961 et 1966 sur l'emplacement de l'ancien moulin marémoteur de Saint-Suliac.

fut mise en service en 1980 sur le Yang-Tseu. L'installation, d'un coût de 4,1 millions de dollars, avait, à sa construction, une puissance de 500 kilowatts qui a été portée à 3,2 mégawatts, au printemps 1986. Grâce à cette augmentation de capacité, la centrale peut générer 10 millions de kilowattheures par an.

En ex-Union soviétique, la centrale marémotrice – de taille relativement réduite – de Kislogubsk, en mer Blanche, est exploitée depuis août 1969. Cet ouvrage d'une puissance de 400 kilowatts fut construit selon des conceptions différentes de celles de la Rance, puisqu'il s'agit de techniques de construction flottante et non de caissons hydrauliques (installations étanches installées ou construites sous l'eau et asséchées ensuite pour en permettre l'aménagement intérieur). Les caissons font partie des éléments les plus onéreux de la construction d'une centrale marémotrice : leur coût représente 20 % de l'investissement engagé dans le projet de la Rance. Les chercheurs ont également mené des études préliminaires pour ce qui devrait être la plus grande centrale marémotrice du monde (capacité : 15 000 mégawatts). Cette centrale serait édifiée à Mezenskaya, dans l'estuaire où le Kuloy se jette dans la mer Blanche et où l'amplitude des marées, selon leur intensité, est d'environ 9 mètres. Cette installation comporterait un barrage d'une longueur d'environ 93 kilomètres et une retenue de 1 400 kilomètres cubes.

Le gouvernement britannique envisage l'implantation d'une centrale marémotrice de 8 600 mégawatts dans l'estuaire de la Severn, au sud-ouest du pays, impliquant la construction d'un barrage de 16 kilomètres de long, de 166 déversoirs en béton et de 216 génératrices à turbine. Une série d'écluses ont été prévues au sein du barrage pour permettre aux bateaux-citernes, même les plus gros, de passer. Selon les estimations, la centrale produirait 17 milliards de kilowattheures, soit l'équivalent de 7 % de la demande électrique nationale totale en 1991. Il a aussi été question d'une centrale marémotrice importante sur l'estuaire de

132

133

132. Le barrage de la Rance comporte une écluse sur sa rive gauche, une centrale équipée de 24 générateurs bulbes, une chaussée permanente sur crête et 6 vannes de chasse qui permettent de remplir et vider rapidement l'estuaire.

133. La centrale marémotrice de la Rance se compose d'une turbine et d'un alternateur qui génèrent 10 000 kilowatts d'électricité. Les générateurs bulbes sont spécialement conçus pour fonctionner bilatéralement, dans les deux sens de la marée, et assurent donc également le pompage.

MINI OTEC
2

la Mersey, près de Liverpool, au nord-ouest de l'Angleterre. Selon l'une des propositions, le barrage aurait environ 1,8 kilomètre de longueur et serait équipé de 27 génératrices à turbines d'une capacité totale de 621 mégawatts. L'installation génèrerait environ 1,2 milliard de kilowattheures par an.

Bien que l'énergie dispersée par le mouvement de va et vient des marées représente environ 2 à 3 millions de mégawatts chaque seconde, seule une infime fraction de ce total est, en réalité, exploitable. Les centrales marémotrices ne sont réalisables qu'à des emplacements où l'amplitude des marées est relativement forte (5 mètres au minimum). Selon les estimations, la puissance électrique récupérable à partir de la totalité de l'énergie marémotrice mondiale ne dépasserait guère 23 000 mégawatts en moyenne, soit grosso modo 1 % de la capacité de génération hydroélectrique mondiale. Par conséquent, l'exploitation des marées, comme source substantielle d'énergie à l'échelle mondiale, n'est pas pour demain.

L'énergie thermique des océans : En 1881, le physicien et ingénieur français Jacques Arsène d'Arsonval fut le premier à avancer que les différences de température dans l'eau de mer pouvaient être utilisées pour générer de l'électricité. Il suggéra un système à circuit fermé dans lequel un fluide sous pression comme l'ammoniaque, vaporisé avec l'eau tiède de la surface de la mer, ferait tourner une génératrice à turbine pour produire de l'électricité. La vapeur serait ensuite condensée par l'eau froide des profondeurs pour renouveler le cycle. Un de ses anciens étudiants, Georges Claude, inventeur de la lampe au néon, poursuivit l'idée et construisit puis expérimenta en 1930 le premier système à circuit ouvert qu'il installa dans les eaux profondes de la baie de Matanzas, sur la côte nord-ouest de Cuba. Dans ce système, c'est l'eau tiède elle-même qui tenait lieu de fluide actif. Depuis, un troisième système, mixte, a été mis au point : il combine des éléments des deux précédents pour produire de l'électricité et de l'eau douce.

Connu sous le nom de conversion de l'énergie

135

134. La technologie permettant de générer de l'électricité à partir des différences de température au sein de la masse océane est connue sous le nom de conversion de l'énergie thermique des mers (OTEC en anglais). Ici, une vision artistique d'un projet de centrale flottante OTEC au méthanol de 200 mégawatts.

135. Vue de la première centrale expérimentale de conversion de l'énergie thermique des mers installée en 1983, sur une île artificielle au large des côtes d'Oahu, à Hawaii.

136

thermique des mers (OTEC en anglais), ce système permet de capter l'énergie solaire absorbée par l'océan dans des zones où la différence de température entre la surface et les eaux plus profondes est d'au moins 20 degrés. Sous les tropiques, sous l'effet de la chaleur du soleil, la température de l'eau de la surface s'élève entre 27 et 31 degrés constants tout au long de l'année. Mais à partir de 1 kilomètre de profondeur, et ce jusqu'au fond de la mer, à une profondeur moyenne de 4 kilomètres, elle est tout juste supérieure au point de congélation. Ainsi, on peut se représenter les mers tropicales comme deux vastes réservoirs d'eau, l'un d'une température de 27 à 31 degrés, et l'autre de 4 à 5 degrés. L'électricité générée par le système de conversion thermique de l'énergie des mers peut être soit transférée au réseau électrique, soit exploitée sur place pour produire de l'hydrogène par électrolyse de l'eau, ou pour fabriquer d'autres éléments intéressants comme l'ammoniaque et le méthanol transportables jusqu'à la terre ferme par pipelines ou par bateaux-citernes.

Les centrales OTEC pourraient également servir à fournir une variété d'autres produits qu'on ne peut extraire d'aucune autre source d'énergie renouvelable. Les plantes aquatiques, comme les algues, pourraient être cultivées, récoltées et/ou directement brûlées ou converties en combustibles liquides. Par ailleurs, l'eau froide des profondeurs employée dans les centrales de conversion thermique est plus pauvre en éléments pathogènes que l'eau de la surface et contient une concentration bien supérieure d'éléments nutritifs comme les nitrates et les phosphates. Cette eau, relativement non polluée et riche en matières organiques, pourrait servir à exploiter des fermes marines pratiquant l'élevage de saumons, de truites, d'ormeaux, de homards et d'algues comestibles. L'eau froide de la mer pourrait, en outre, alimenter des systèmes de climatisation dans les bâtiments proches et maintenir le sol des serres à une température relativement fraîche, ce qui permettrait la culture, même sous les tropiques, d'espèces végétales telles que la laitue et les fraises qui croissent normalement dans des climats frais. Il serait,

136. La recherche sur les systèmes de conversion de l'énergie thermique des mers en circuit fermé et en circuit ouvert se poursuit sur le site côtier de Keahole Point (Hawaii). Elle a déjà atteint un record mondial pour ce secteur, avec une production de 255 kilowatts bruts d'électricité.

137. Interprétation artistique d'une centrale de conversion thermique de l'énergie des mers du futur.

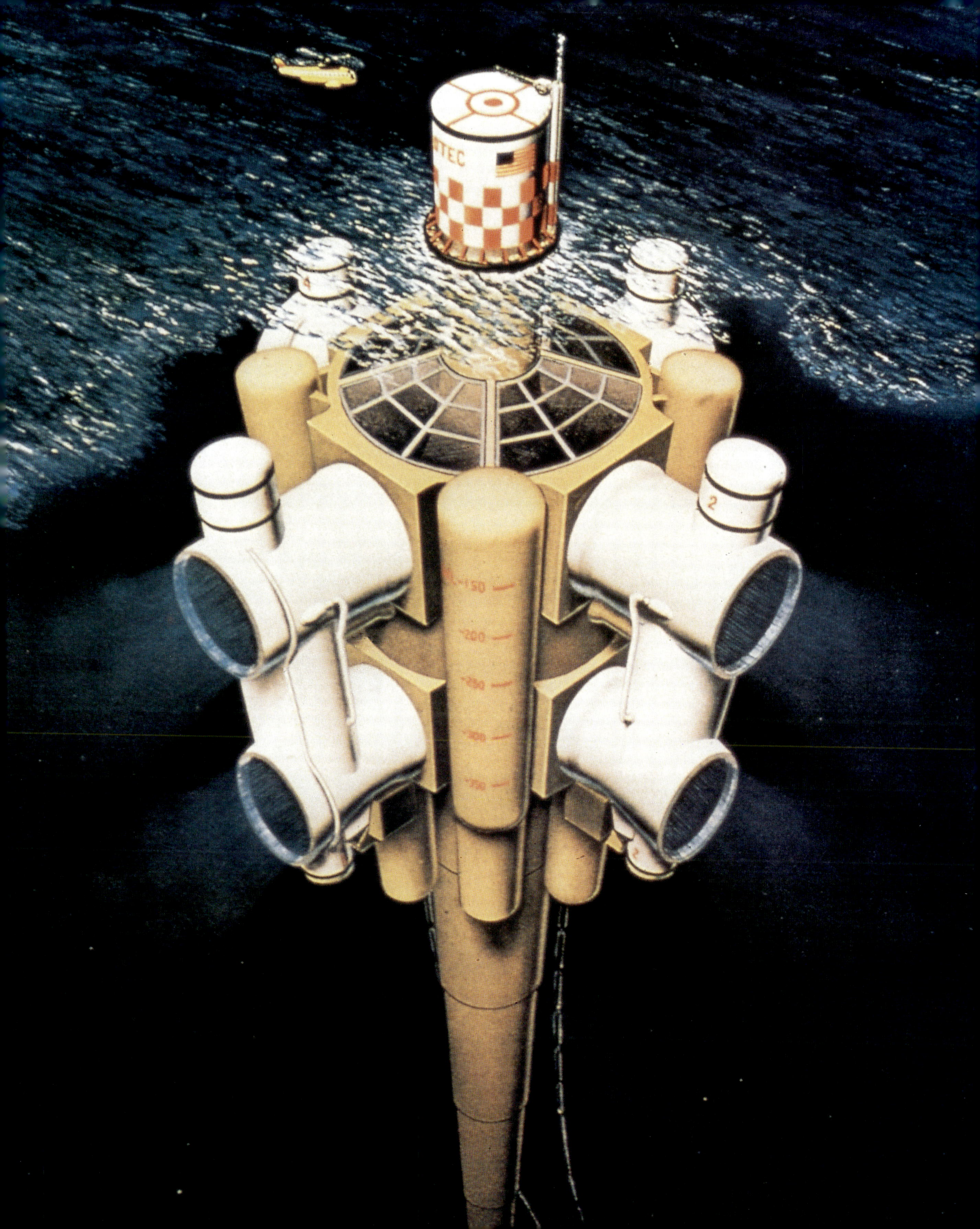

150
200
250
300
350
2

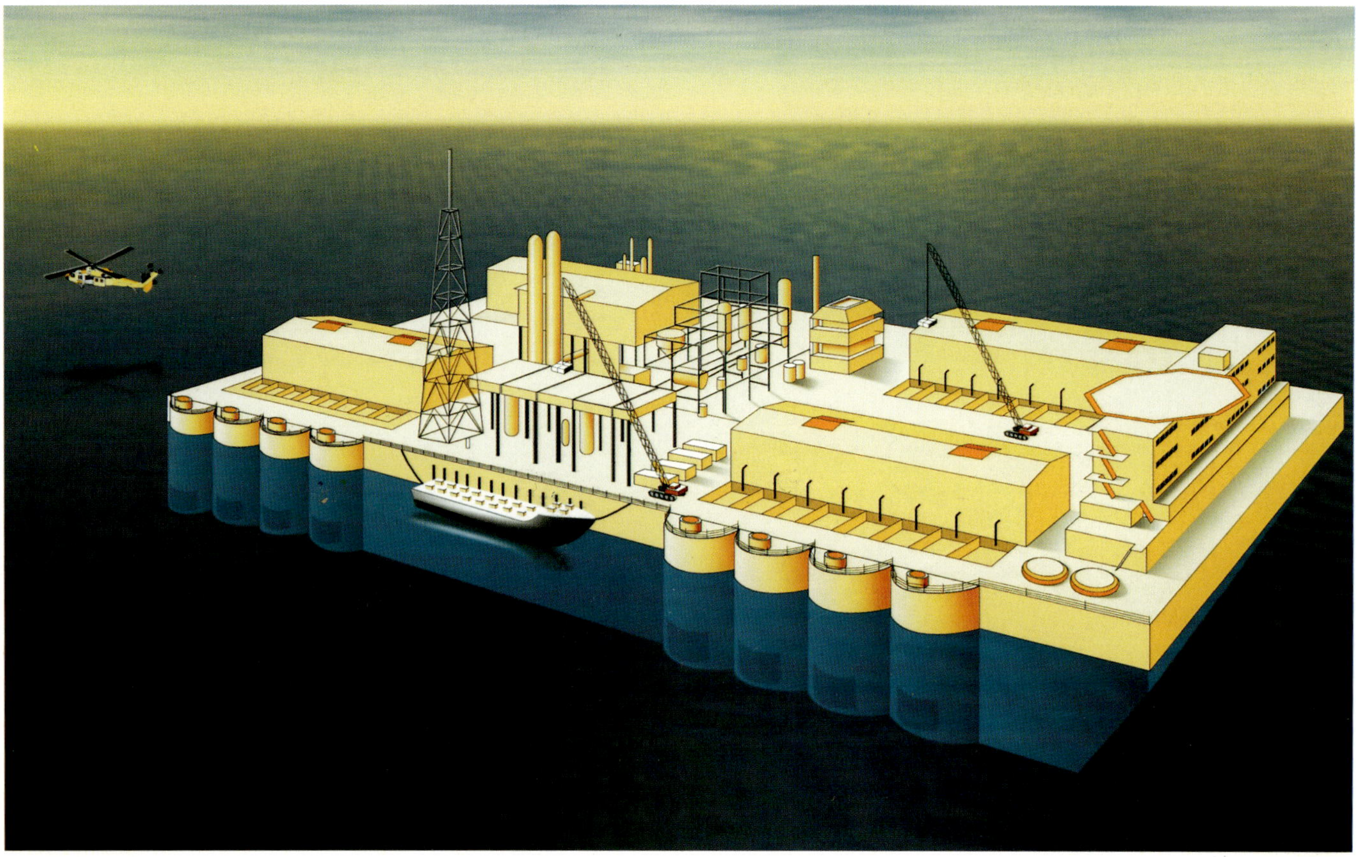

138

de plus, possible d'utiliser cette eau froide pour condenser l'humidité de l'air tropical afin d'obtenir de l'eau douce pour irriguer les cultures.

Au cours des années 70, l'augmentation du prix du pétrole et l'évolution de la technologie incitèrent la France, l'Allemagne, le Japon, la Suède, les Pays-Bas et les États-Unis à s'intéresser de plus en plus sérieusement à la conversion thermique de l'énergie des mers. En 1979, l'État d'Hawaii et un groupe de compagnies américaines financèrent un mini-système de conversion thermique en circuit fermé sur une barge de l'US Navy rééquipée avec une centrale électrique et une prise d'eau froide ancrée à 1 000 mètres de profondeur, à environ 2,5 kilomètres au large de la côte de Keahole Point à Hawaii. La centrale flottante de 50 kilowatts (bruts) fut un succès pendant ses six mois d'exploitation, fournissant entre 10 et 15 kilowatts nets d'électricité. Elle permit également d'obtenir, au terme de l'année 1979, des données précieuses sur le fonctionnement de l'opération.

Encouragé par cette expérience, le département ministériel de l'Énergie des États-Unis lança la construction d'une importante installation de 1 mégawatt et déploya un tanker de la Navy, *le S.S. Ocean Sea Converter*, sur des fonds de 1 500 mètres au nord-ouest de Keahole Point. Ce navire testa un tuyau de pompage de l'eau froide en polyéthylène long de 650 mètres, de un mètre de diamètre, attaché à un échangeur thermique. D'autres appareillages de système à fluide actif ainsi que des techniques de dépollution et d'anti-corrosion furent également testés, l'idée étant de construire, par la suite, une centrale pilote en circuit fermé de 40 mégawatts au large. Le département de l'Énergie américain annonça son soutien au développement de deux centrales à circuit fermé en 1982, l'une au large et l'autre implantée sur la côte d'Oahu, à Kahe Point. Malheureusement, au milieu des années 80, l'effondrement des cours du pétrole mit un frein à l'exploitation de l'énergie marine et le projet fut abandonné. On substitua à ce projet une petite installation expérimentale de conversion thermique de l'énergie des mers à circuit ouvert, sur le site de Nelha, à Keyhole Point, sur la côte. Déduction faite de l'électricité nécessaire au pompage de l'eau et d'autres dépenses périphériques, sa production est de 40 kilowatts nets.

138. Dans un scénario futuriste, des chercheurs envisagent la possibilité de faire des centrales de conversion thermique de l'énergie des mers les premières villes flottantes puisqu'elles seraient en mesure de produire de l'électricité, de l'air conditionné, de l'eau douce pour ses habitants ainsi que des eaux froides riches en nutriments propices à l'élevage de poissons et de coquillages ainsi qu'à la culture des algues.

En 1981, un groupe de compagnies japonaises a construit une centrale modèle à circuit fermé sur l'île de Nauru, dans l'océan Pacifique équatorial. Dans la centrale, l'eau à 30 degrés de la surface était employée pour l'évaporation du fréon – fluide de conversion d'une pompe à chaleur – pour fabriquer de la vapeur destinée à entraîner un turbogénérateur. La vapeur était ensuite condensée par de l'eau à 7 degrés, pompée à 58 mètres, et le fréon liquide renvoyé dans l'échangeur thermique pour continuer le cycle. Bien que la centrale ait produit jusqu'à 100 kilowatts au cours de l'année de démonstration, sa production nette n'excéda pas 35 kilowatts.

Les centrales de conversion thermique de l'énergie des mers peuvent représenter une option particulièrement intéressante pour la génération de courant dans les régions où les réserves d'eau douce et de combustible sont limitées. Dans les pays industrialisés, une centrale de 10 mégawatts pourrait produire suffisamment d'électricité pour couvrir les besoins de 10 à 20 000 personnes. Dans les pays en développement, où la consommation d'énergie par habitant est bien inférieure, on pourrait atteindre une couverture des besoins de 100 000 personnes. Selon Luis Vega, directeur de projet au site de Nelha à Keyhole Point, une telle centrale serait aussi capable de produire jusqu'à 40 millions de litres d'eau douce par jour, volume suffisant pour 100 000 personnes dans les pays en développement. Ainsi, dans de nombreuses nations insulaires en développement ayant une population inférieure à 100 000 habitants, une seule centrale mixte de conversion thermique de l'énergie des mers de 1 à 10 mégawatts serait suffisante pour assurer, en fait, tous les besoins en eau et en électricité.

Dans un scénario futuriste, certains spécialistes de l'énergie spéculent sur le fait que les centrales de conversion thermique de l'énergie des mers pourraient devenir les sites des premières villes flottantes, puisqu'elles permettraient, selon eux, de produire de l'électricité, de l'air conditionné et de l'eau douce pour des habitants ainsi que des eaux froides riches en nutriments comme base de mariculture pour les poissons, les coquillages et les algues. L'excédent d'électricité pourrait être soit acheminé directement par câble sur la terre ferme, soit utilisé sur place pour la production locale de combustibles et de produits chimiques destinés à l'exportation vers le continent. Le climat agréable des océans tropicaux pourrait aussi faire des villes flottantes une destination touristique, ce qui générerait des revenus pour les insulaires de ces centrales.

Les étangs solaires : Bien que ce secteur de la recherche sur l'énergie des mers n'en soit qu'à ses balbutiements, on pourrait éventuellement obtenir de l'énergie en exploitant les variations de salinité entre l'eau de mer et l'eau douce. En 1979, Arnold Goldman, inventeur du traitement de texte, a lancé la technologie du « bassin solaire » qu'il a appliquée pour développer des étangs solaires fonctionnant sur un gradient de la concentration en sel, donc de différence de densité (entre l'eau de la surface et celle du fond de l'étang). Cette différence de densité crée des variations de température entre l'eau chaude des couches salées plus profondes et celle, plus fraîche, de la surface, ce qui permet d'entraîner un moteur thermique générant de l'électricité. En Israël, à Beit Ha'Aravah, près de la mer Morte, Harry Tabor a creusé un étang de 250 000 mètres carrés utilisé pour alimenter une turbine de 5 mégawatts d'une conception spéciale. Chargé en sel, l'étang solaire diffère des autres systèmes basés sur ce type d'énergie en ce qu'il peut fournir de la chaleur en continu, de jour comme de nuit, dès que la température du fond atteint le maximum, proche de 100 degrés. Bien que cette technologie doive encore faire ses preuves au plan économique, on doit noter que des systèmes plus réduits ont aussi été développés en Australie et en Californie.

139

139. **Lever du soleil sur la plage de Shimoda.** ***Gravure sur bois de Fuyo.*** **Avec l'aimable autorisation de la Collection Elizabeth Schultz.**

L'énergie orange de la géothermie

Pour le peuple de Mâui-Akamai, le Kilauéa, volcan actif de l'île d'Hawaii, était la demeure d'une famille de déités du feu gouvernées par la déesse Pélé. Les attaques systématiques de sa sœur Na-Maka-o-Ka-Hai, déesse de la mer, qui la poursuivait de ses inondations et du déferlement de ses marées chassèrent Pélé de son logis d'origine, à l'ouest du Pacifique. Elle s'enfuit donc et tenta, à plusieurs reprises, de se bâtir une nouvelle maison sur les différentes îles de l'archipel. Mais, chaque fois, ses efforts étaient vains car l'eau la poursuivait en tous lieux, éteignant le feu dans de grandes explosions de vapeur. Finalement, sur la montagne Kilauéa, Pélé découvrit dans un cratère en fusion un site où vivre en sécurité. Tout aussi fantasque que sa sœur, Pélé, lorsqu'elle est fâchée, sème parfois la destruction en faisant trembler la terre ; mais lorsque ses relations avec sa sœur Na-Maka-o-Ka-Hai s'apaisent, elle dispense, au contraire, l'eau géothermale salutaire.

Dans le monde entier, les cultures les plus anciennes vénèrent les volcans, comme le Fuji-Yama au Japon et, depuis des temps immémoriaux, l'eau chaude des sources thermales est employée pour soigner les maladies. Dans la montagne T'ai Chan près de Xi'an, le premier empereur de Chine Ts'in Che Houang-Ti (221-206 av. J.-C.) aurait découvert les « pouvoirs magiques » d'une source enchantée capable de guérir toutes sortes de maladies. Cette source géothermale tire son nom d'une légende selon laquelle une fée en serait sortie et aurait réclamé les excuses de l'empereur, lequel avait omis, avant de pénétrer dans l'eau, de sacrifier un animal, conformément à la coutume. En 747, le poète Lipaï décrit une autre source d'eau chaude située à l'intérieur du palais de l'empereur T'ang Xuanzong : « ... l'eau de la source chaude est si délassante et pure qu'elle parvient à laver même le fard de Yang, la concubine de l'empereur ».

Les montagnes hawaïennes se sont formées à la suite de processus volcaniques étalés sur des millions d'années et toujours actifs. L'intrusion de roche en fusion (ou magma provenant du manteau terrestre) à l'intérieur de l'écorce et la désintégration d'éléments radioactifs chauffent en permanence les roches et l'eau de l'écorce terrestre. Ce flux thermique emmagasiné, appelé énergie géothermique, peut être extrait et exploité pour chauffer les édifices, générer de l'électricité, ou jouer d'autres rôles importants. Les ressources géothermiques se présentent essentiellement sous quatre formes : les sys-

142

140. Une éruption volcanique comme celle-ci (dans l'océan Pacifique) représente une formidable source d'énergie bien qu'elle soit difficile à domestiquer. Depuis plus de trente ans, 40 pays en ont entrepris l'exploitation commerciale, tant pour la production d'électricité qu'en usage direct pour le chauffage des locaux, l'horticulture, la pisciculture et l'industrie.

141. Symbole d'une brigade de pompiers américains (1710).

142. Extraction de sel dans les eaux thermales de Zigong, sous la dynastie des Han (206 av. J.-C. – 220), province du Sechuan, Chine.

tèmes hydrothermiques, les systèmes géopressurisés (de type puits artésien), les roches sèches à haute température et le magma. Les ressources géothermiques sont souvent les plus accessibles dans les régions où l'écorce terrestre est relativement mince ou a été perturbée par une activité tectonique ou volcanique récente (en l'occurrence au cours des dix millions d'années passées). Le flux géothermique accumulé sous la surface de la terre est considérable et représente 35 milliards de fois la consommation annuelle mondiale totale d'énergie. Pourtant, seule une petite fraction de cette chaleur naturelle peut être extraite de l'écorce terrestre.

Il y a quelque 2 000 ans, les Japonais et les Romains commencèrent à tirer parti de l'eau tiède des sources géothermales pour se laver et cuisiner. Plus tard, au Moyen Âge, on voit se développer des systèmes rudimentaires de chauffage géothermique collectif en Europe. En 1913, une centrale géothermique fonctionnant avec une turbine à vapeur de 250 kilowatts fut mise en service à Larderello, en Italie, où des puits profonds produisaient une vapeur surchauffée à très haute pression qui non seulement alimentait les turbines générant le courant, mais contenait aussi des composés chimiques récupérés comme sous-produits exploitables. Aujourd'hui, dans plus de vingt pays, de l'électricité est produite par la géothermie et, à l'échelle mondiale, la puissance installée d'électricité géothermique est passée d'environ 5 800 mégawatts en 1990 à près de 6 800 mégawatts en 1995. En tête, sept pays : les Philippines, le Mexique, l'Italie, la Nouvelle-Zélande, le Japon, l'Indonésie et le Salvador qui possèdent chacun plus de 100 mégawatts de capacité électrique géothermique. D'autres pays comme le Nicaragua, le Kenya et le Costa Rica disposent aussi de ressources géothermiques tandis que Djibouti et Sainte-Lucie pourraient tirer la totalité de leur électricité des leurs.

L'intérêt d'Hawaii pour l'électricité géothermique remonte à septembre 1881 lorsque le roi de l'archipel, David Kalakaua, et son ministre de la Justice rencontrèrent Thomas Edison afin d'envisager la possibilité d'utiliser la vapeur des volcans pour générer de l'électricité destinée à l'éclairage d'Honolulu. Une exploration sérieuse débuta dans les années 60 près de la zone est du rift du Kilauea dans la

143

144

143. Selon les estimations, environ 10 % de la capacité géothermique mondiale est exploitée au Japon, bien qu'actuellement la capacité installée totale des centrales géothermiques n'excède pas 380 000 kilowatts. La centrale Matsukawa produit 23 500 kilowatts.

144. Il y a 14 centrales géothermiques au Japon dont 8 sont exploitées par les compagnies électriques publiques (342 500 kilowatts), les autres étant privées (36 327 kilowatts). Le productible de la centrale de Kakkonda est de 55 000 kilowatts.

145

région de Puna, sur l'île d'Hawaii. La Magma Power Company d'Hawaii fora 4 puits superficiels dans la région, mais le plus profond de ces puits de forage n'excédant pas 56 mètres, aucune ressource exploitable ne fut découverte. En 1972, des mois avant l'embargo sur le pétrole arabe, le corps législatif de l'État allouait 220 000 dollars au Projet géothermique d'Hawaii afin que l'Université d'Hawaii mobilise et concentre ses moyens de recherche pour identifier et exploiter les ressources géothermiques locales. Les forages commencèrent donc à la fin de l'année 1975 pour se terminer cinq mois plus tard, en avril 1976, avec un forage de 1 966 mètres. Le puits produisant de la vapeur à une température d'environ 357 degrés, on installa un turbogénérateur pour que cette station, de 3 mégawatts, commence à produire de l'électricité au début de l'année 1982. Cependant, dans les années 80, après que quatre forages se furent révélés insuffisants pour fournir une source d'énergie géothermique commercialement rentable, les trois compagnies qui s'étaient activement engagées dans l'exploration de l'énergie géothermique suspendirent leurs opérations. Il n'y a donc plus à l'heure actuelle à Hawaii qu'une seule centrale

145. La centrale géothermique de Yamagawa à Kagoshima a une puissance géothermique de 30 000 kilowatts. Selon les prévisions, en l'an 2000, le Japon devrait avoir développé une capacité géothermique de 1 million de kilowatts.

147

géothermique de 25 mégawatts en service.

Installé sur un site de deux hectares autour de ce puits dont il constitue une activité secondaire, le Puna Research Centre d'Hawaii a pour vocation la recherche, le développement et l'exploitation commerciale des applications périphériques de l'électricité géothermique. Les programmes regroupent des activités aussi variées que la teinture des textiles, l'utilisation de l'eau chaude géothermale pour la pisciculture et le séchage des fruits et du bois. Dans d'autres pays, des institutions analogues ont mis en évidence le fait que l'eau géothermale dont la température varie entre 36 et 46 degrés pouvait être utilisée pour l'élevage de poissons dans des opérations d'aquaculture, et que les eaux plus chaudes permettraient de contribuer au chauffage des serres, à la distillation d'eau douce par évaporation de l'eau de mer et au séchage de matières organiques comme le poisson, les algues et les légumes.

Avec des centrales dont la capacité de production totale est supérieure à 2 816 mégawatts, les États-Unis figurent parmi les leaders mondiaux du développement de l'énergie géothermique. C'est à Mayacamas Mountains Geysers, à environ 145 kilomètres au nord de San Francisco, qu'a été construite, en 1960, la première centrale

148

146. En Islande, le Lagon bleu est une piscine alimentée par l'eau salée géothermale de la centrale électrique de Svartsengi. Faite de pierre et d'argile, la première piscine en plein air du pays date du XIIIe siècle. Elle fut construite par le fameux auteur de sagas, Snorri Sturluson. L'utilisation publique de l'eau géothermale fit son apparition dans le pays en 1755.

147. À Reykjavík, le restaurant La Perle est installé sur six énormes citernes qui contiennent chacune quatre millions de litres d'eau géothermale. D'autres capitales utilisent l'eau géothermale pour le chauffage : Addis-Abeba (Éthiopie), Pékin (Chine), Bucarest (Roumanie), Budapest (Hongrie), Sofia (Bulgarie), Paris (France) et Tbilissi (Géorgie).

148. Femme transportant de l'eau géothermale pour son usage personnel. **Sculpture en pierre d'Asmundur Sveinsson Vatberinn, Reykjavík, Islande.**

149

géothermique californienne (d'une capacité supérieure à 1 000 mégawatts), agrandie au début des années 70. L'énergie géothermique est actuellement utilisée directement dans environ 150 000 installations individuelles réparties sur quelque 400 sites. Elle alimente en outre plus de 110 000 pompes à chaleur employées pour le chauffage de locaux.

Le territoire du Japon s'étend sur une vaste formation volcanique dont les ressources géothermiques récupérables sont pratiquement illimitées si on les exploite judicieusement. À l'heure actuelle, le parc géothermique japonais totalise dix usines commerciales sur neuf sites, et cinq centrales privées supplémentaires d'une capacité totale de génération de 444 mégawatts. Parmi les installations du secteur privé en service à Kyushu, la centrale Hatchobaru est la plus importante du pays avec une puissance représentant environ 35 % de la production géothermique nationale japonaise. Pendant la crise du pétrole de 1973, le développement d'usines géothermiques s'est

149. Le Grand Geyser, fontaine géothermale jaillissant à une hauteur de 60 mètres au milieu des vastes paysages enneigés de l'Islande, est très spectaculaire.

150

accéléré dans de nombreux pays. Au Japon, un investissement de 2,3 milliards de dollars dans le projet Sunshine pour l'utilisation de l'énergie géothermique a permis au pays de se doter d'une puissance géothermique qui dépasse actuellement les 3 300 mégawatts thermiques (utilisables sous forme de chaleur). Viennent ensuite la Chine avec une puissance installée de 2 410 mégawatts, la Hongrie avec 1 280 mégawatts, et l'ex-Union soviétique avec 1 000 mégawatts.

Dans plusieurs pays, comme l'Islande, l'eau chauffée (à des températures relativement basses) par la géothermie est utilisée pour le chauffage. Le Service municipal de chauffage de Reykjavík, le plus vaste programme mondial de cette nature, canalise l'eau chaude géothermale pour le chauffage des locaux depuis 1930. Depuis 1990, environ 85 % de toutes les constructions résidentielles du pays sont chauffées par l'eau des geysers (un terme d'origine islandaise). Ce chauffage est aussi

150. La centrale géothermique de Yamagawa, au Japon.

151-152. (Page suivante.) Jusqu'ici, une petite fraction seulement de l'énorme flux géothermique disponible a été exploitée. Selon les estimations, à l'échelle mondiale, son utilisation pour la production d'électricité va être multipliée par 45 pour atteindre une puissance installée de 8 900 mégawatts électriques et de 30 000 mégawatts thermiques en l'an 2000.

151

152

employé pour le chauffage industriel, les serres et l'aquaculture. Il existe un vaste projet analogue, à Mostovsky, près de la mer Noire, en Russie, où plusieurs milliers de foyers, 250 hectares d'étangs de pisciculture, 25 hectares de serres et une ferme d'élevage sont intégralement chauffés par la géothermie. Sur l'île d'Hokkaido, au nord du Japon, une installation d'avant-garde et de grande envergure permet d'exploiter l'eau chaude résiduelle de la centrale géothermique de Mori pour chauffer 31 serres d'une surface totale de 8 hectares. Les programmes de chauffage collectif financés par la CEE au cours des années 80 produisent maintenant des quantités substantielles d'électricité à Ferrare en Italie, dans le Bassin parisien et à Bordeaux, ainsi qu'à Mons en Belgique. Dans le monde entier, l'utilisation de la chaleur à relativement basse température tirée des ressources géothermiques, permet cependant de réaliser une économie annuelle d'environ 4,1 millions de tonnes équivalent pétrole.

153

L'énergie géothermique est une des sources d'électricité les moins chères, juste après l'énergie hydroélectrique. L'électricité obtenue à partir de la plupart des systèmes hydrothermiques (dont les liquides constituent la phase dominante) est plus chère que celle tirée de systèmes dont la phase dominante est la vapeur, tout en n'étant concurrentielle que dans un nombre limité de lieux. Cependant, il semblerait qu'une évolution de la recherche et du développement des technologies avancées d'extraction des ressources que constituent les roches sèches chaudes et le magma puissent permettre à la géothermie de fournir, finalement, de grandes quantités d'énergie utilisable, à un coût concurrentiel face aux sources d'énergie conventionnelles. L'énergie géothermique devrait donc être appelée à jouer un rôle de plus en plus important au XXIe siècle.

153. Dans nombre de pays comme la Hongrie, l'Italie, la Macédoine, la Roumanie, la Russie, la Chine, le Japon, l'Islande, la Nouvelle-Zélande et les États-Unis, on utilise maintenant la chaleur géothermique pour le séchage des fruits et du poisson.

154. (Page suivante.) Tout comme les Grecs qui adoraient Héphaïstos, les Romains rendaient un culte à Vulcain, dieu du feu, lors des Volcanalia, fêtes au cours desquelles les chefs de famille jetaient des petits poissons au feu. À leur grand prêtre **flamen**, *homologue de celui des Parsis (zoroastriens) de l'Inde, revenait le soin du feu. Ici, une cérémonie d'initiation d'un enfant* **Navjote** *à Bombay.*

154

福
福

L'énergie pure des miroirs

Dans les sanctuaires shintoïstes du Japon, l'icône d'Amaterasu représente le mythe selon lequel la déesse du soleil fut attirée hors de sa caverne par l'éclat d'un miroir circulaire, et dans certaines régions du sud de l'Inde, comme au temple de Sriman Narayan Swami, à Swami Thoppu, par exemple, le miroir reste un objet de vénération. On a exhumé d'un tombeau de Shang-ts'un ling, dans le Ho-nan, un certain nombre de petits miroirs circulaires dont on pense qu'ils sont des miroirs primitifs chinois en bronze représentant le soleil (VIIIe siècle av. J.-C.). Les miroirs en bronze, très répandus chez les Scythes, adorateurs du feu des steppes eurasiennes, viendraient d'ailleurs des miroirs Hui, de la Chine antérieure aux Han, et dont l'origine remonterait à l'antique méthode de fabrication des miroirs : bronze poli et dos ciselé. Sur les miroirs du Ho-nan, l'énergie solaire est souvent représentée par un motif de dragons enlacés à des figures zoomorphes dont la queue se métamorphose en volutes. Les miroirs de bronze égyptiens et égéens présentent les mêmes caractéristiques d'association avec l'énergie du soleil. Il en est de même pour les disques solaires étrusques.

Le *Tchou-ci* (vers l'an 20 de notre ère) décrit les cérémonies de la Chine ancienne, rappelant aux « prêtres du soleil-feu leur devoir de recevoir le feu brillant du soleil sur un miroir concave… afin de préparer des torches magnifiques pour le sacrifice ». La pureté de l'environnement lié à l'énergie solaire dérivée des miroirs est invoquée par les Grecs qui sacrifiaient à des rituels analogues dans le temple des Vestales, à Delphes. Plutarque raconte comment, lorsque les Barbares pillèrent le temple et éteignirent leur flamme sacrée, il fallut immédiatement la ranimer avec « la flamme pure et non souillée du soleil » en se servant de « récipients coniques en laiton » avec lesquels les prêtresses dirigeaient les rayons du soleil sur « des matériaux légers et secs ».

Chinois, Indiens, Grecs et Romains, tous avaient essayé de concentrer les rayons du soleil sur un objet avec une intensité suffisante pour qu'il s'enflamme. Faits d'argent, de cuivre ou de laiton polis, les « miroirs ardents » des Grecs furent conçus comme des réflecteurs solaires. Ils étaient sans doute composés de nombreuses pièces plates en métal poli, assemblées pour former une surface à peu près arrondie. Plus tard, ils furent remplacés par des miroirs concaves sphériques faits de simples plaques ou de feuilles de métal, et enfin par le premier miroir parabolique, inventé au IIIe siècle av. J.-C. par un mathématicien grec, Dositheius. Un siècle plus tard, dans son traité *À propos des miroirs ardents,* Dioclès apporta la première preuve géométrique formelle des propriétés focales des miroirs paraboliques et circulaires pour générer une chaleur intense.

La fable attribuée à Archimède

155. Une mère chinoise et sa fille bavardent en attendant le thé dont l'eau est chauffée par réflecteur solaire.

157

156. Miroir de bronze coréen représentant le soleil, (IIIe siècle environ av. J.-C.). **Avec l'aimable autorisation du musée national de Corée, Séoul.**

157. Amaterasu attirée hors de sa sombre caverne par l'éclat d'un miroir sauve le monde de la destruction.

158

159

160

(212 av. J.-C.) selon laquelle les Grecs auraient employé des miroirs ardents pour détruire les vaisseaux des envahisseurs romains à Syracuse semble avoir enflammé l'imagination d'Ibn Al Haitham, un érudit arabe vivant au Caire au XIe siècle. Il décrit en effet les miroirs ardents comme « l'une des plus nobles choses conçues par les géomètres de l'Antiquité » et son traité de mathématiques sur la capacité des miroirs paraboliques à concentrer l'énergie sera plus tard traduit en latin et circulera dans plusieurs universités européennes au milieu du XIIIe siècle. Puis, vers 1515, Léonard de Vinci propose l'utilisation du miroir non plus dans des buts militaires, mais pour des objectifs pacifiques et préconise la construction d'un gigantesque miroir parabolique capable de chauffer les piscines et d'alimenter en chaleur les chaudières industrielles. Si l'on en croit ses écrits, le sculpteur Andrea del Verrochio aurait utilisé un miroir ardent pour souder les éléments du support d'une lanterne sphérique en cuivre destinée à la cathédrale Santa Maria del Fiore, à Florence. En 1561, Adam Lonicier décrit la technique consistant à utiliser des miroirs sphériques pour chauffer des fleurs immergées dans le processus de fabrication du parfum. Pendant la dernière partie du XVIe et tout le XVIIe siècle, quasiment tous les scientifiques entreprirent des recherches sur les mystérieux pouvoirs des miroirs ardents, bien que certains rapports sur leurs activités se soient avérés très exagérés.

À la fin du XVIe siècle, Villette, un opticien de Lyon, construisit plusieurs grands miroirs sphériques dont le plus grand mesurait plus de un mètre de diamètre. Un compte rendu publié à Londres affirme que ce miroir pouvait faire fondre l'étain en trois secondes, la fonte en seize secondes, et faire perdre 87 % de son poids à un diamant. « En bref, concluait l'article, il n'existe pratiquement rien que ce feu ne puisse

158. Artisan indonésien présentant une plaque de céramique décorée, au centre de laquelle est incrusté un miroir. Selon la tradition, elle doit être fixée sur le faîte d'une toiture pour y représenter le soleil.

159. Miroir de bronze stylisé vénéré par les brahmanes Namboodri du Kérala, au sud de l'Inde.

160. Prêtre indien en méditation devant un miroir représentant le soleil. « Tous sont égaux sous le soleil », telle est la devise du temple Swami Thoppu qui présente la particularité d'être ouvert à tous, indépendamment des castes, des croyances et des religions.

détruire ». Au XVIIe siècle, on tenta à plusieurs reprises de fabriquer des miroirs à la fois plus légers et plus faciles à manipuler et un mécanicien de Dresde nommé Gartner en confectionna avec du bois, en recouvrant de cire et de goudron puis d'une couche de feuille d'or brillant la surface concave interne du miroir. L'essai échoua car la feuille d'or se dégrada rapidement. Un aristocrate allemand, le baron de Tschirnhaus, eut davantage de succès en martelant une simple feuille de cuivre « à peine plus épaisse que deux fois le dos d'une lame de couteau ordinaire » pour en faire un miroir de 1,6 mètre de diamètre qui pouvait aisément être tenu par un seul homme.

161

Comme l'on ne parvenait pas à confectionner des miroirs plus grands avec un seul morceau de métal, Peter Hoesen, un mécanicien du XVIIIe siècle, fabriqua le sien à partir de sections de bois dur recouvertes de morceaux de laiton. Ainsi, l'artisan allemand fut capable de réaliser des miroirs d'un diamètre d'au moins 3 mètres. Ces miroirs – les réflecteurs solaires les plus puissants jamais réalisés jusque-là – focalisaient les rayons du soleil sur un foyer d'environ deux centimètres de diamètre. Un chercheur qui faisait des expériences avec un réflecteur d'Hoesen de 1,5 mètre de diamètre confirma que « le minerai de cuivre fondait en une seconde, le plomb en un clin d'œil, l'amiante se transformait en verre d'un vert jaunâtre en seulement trois secondes, et l'ardoise devenait une matière vitreuse noire en douze secondes ».

C'est dans le contexte des anciens miroirs chinois en bronze et de la technologie occidentale subséquente basée sur les idées grecques et romaines du Ier siècle qu'un professeur de mathématiques français, Augustin Mouchot, construisit et utilisa de façon rationnelle des réflecteurs paraboliques et coniques vers 1860. Au cours de la dernière décennie, grâce aux installations expérimentales testées dans plusieurs pays, la production d'électricité solaire thermique s'est développée rapidement. De nos jours, ses applications ont trait à des systèmes modernes comme les capteurs paraboliques de Solarplant One, aux États-Unis. Implantée sur un site de 20 hectares près de Warner Springs, en Californie, pour un coût de construction de 19 millions de dollars, cette installation de 4,9 mégawatts capte l'énergie solaire grâce à ses 700 paraboles équipées chacune d'une batterie de 24 réflecteurs de 1,5 mètre de diamètre. Son champ de capteurs est divisé en deux sections et ses miroirs montés sur des châssis légers et mobiles permettent de suivre le soleil toute la journée. L'énergie solaire concentrée par les capteurs d'une section est utilisée pour produire de la vapeur à une température de 275 degrés. L'eau non vaporisée pendant le chauffage initial est renvoyée au capteur pour être réchauffée. La vapeur produite dans la première section est ensuite conduite jusqu'au second groupe de capteurs solaires où elle subira une surchauffe avant d'être finalement utilisée pour actionner deux turbogénérateurs.

Autre filière, la « centrale solaire à tour », est entourée de miroirs (les héliostats) orientables pour suivre le soleil et en concentrer la lumière sur un récepteur situé au sommet de la tour. La première installation de cette nature a été mise en service à Nio au Japon, sur l'île de Shikoku, au début de l'année 1981 et testée jusqu'en 1986. Dans cette centrale thermosolaire, sur une surface totale de l'ordre de 13 000 mètres carrés, environ 800 héliostats dirigeaient la lumière du soleil sur un capteur installé au sommet d'une tour de 61 mètres. L'énergie ainsi concentrée était employée pour la production de vapeur à haute température qui générait jusqu'à 1 mégawatt d'électricité. La centrale faisait partie du projet japonais Sunshine – toujours en cours – pour développer et tester dans le pays les technologies relatives aux énergies alternatives.

Un an plus tard, aux États-Unis, la plus grande centrale solaire à tour expérimentale au monde (10 mégawatts), baptisée Solar One, était construite à Dagget, en Californie, sur un site de 65 hectares. Elle fonctionna sur un programme de démonstration de six ans, d'avril 1982 à septembre 1988. Installée dans le désert Mojave, pour un coût de 141 millions de dollars, Solar One consiste en une tour de 91 mètres, entourée de 1 818 héliostats d'une surface totale d'environ 72 500 mètres carrés. Son excellente capacité de rétention de la chaleur a encore été améliorée par l'adjonction de roches stockées dans de vastes

***161.** Le moteur solaire de Mouchot actionnait une presse d'imprimerie à l'Exposition universelle de Paris en 1878. Le miroir, d'un diamètre de 5 mètres, développait suffisamment d'énergie pour imprimer un journal spécial,* **Le Soleil**, *au rythme de 500 exemplaires par heure.*

162

réservoirs d'huile calorifugés. C'est le même moyen qu'utilisaient déjà les hommes des cavernes pour chauffer leurs grottes. Solar One a été rénovée sous le nom de Solar Two et dotée d'un récepteur central chauffé à environ 565 degrés par l'énergie solaire focalisée. Cette chaleur est transférée vers des sels fondus utilisés pour faire bouillir l'eau et produire la vapeur qui sera turbinée pour générer de l'électricité. Elle alimente actuellement 10 000 foyers dans le sud de la Californie en période diurne et peut, grâce à ses innovations en matière de captation d'énergie et de système de stockage, continuer à produire de l'électricité pendant trois heures supplémentaires après le crépuscule.

Eurélios, la première centrale solaire à tour d'Europe, a été subventionnée par la Communauté économique européenne pour produire de l'électricité à Adrano, en Sicile, pendant une phase de démonstration qui s'est étalée d'avril 1981 à 1984. La tour centrale de 55 mètres était entourée de plus de 180 héliostats, d'une surface de captation totale de 6 225 mètres carrés. L'énergie solaire des héliostats chauffait un collecteur au sommet de la tour, la chaleur étant employée pour faire bouillir de l'eau et générer de la vapeur surchauffée à 510 degrés exploitée ensuite pour produire jusqu'à 1 mégawatt d'électricité. L'installation comprenait également un système de stockage de chaleur dans lequel un mélange de sels dits sels Hitec était chauffé par la vapeur à une température d'environ 425 degrés, puis pompé jusqu'à un réservoir d'accumulation calorifugé. En cas de demande d'électricité par le réseau en période de ciel couvert, l'énergie (la chaleur du sel stocké) était utilisée pour produire encore

163

162. Cassini présente son miroir au roi Louis XIV, le Roi-Soleil, à l'Observatoire de Paris. D'un diamètre de 2,7 mètres, ce miroir ardent est l'un des plus grands confectionnés au XVIIe siècle.

163. Différents modèles de cuiseurs solaires sont maintenant accessibles à travers le monde, mais leur utilisation reste limitée, essentiellement parce que les populations n'ont pas entendu parler de ce nouveau produit. Un commerçant indien tente de diffuser un réchaud solaire en chargeant de belles danseuses du Radjasthan d'en faire la promotion dans la cour d'un hôtel de Jodhpur.

de la vapeur pendant 30 minutes consécutives.

Trois autres installations thermosolaires à récepteur central furent testées en Europe au cours des années 80. Deux d'entre elles, l'installation à capteur central de l'Agence internationale de l'énergie et la centrale de 1,2 mégawatt CESA-1 furent implantées à Tabernas près d'Almeria, au sud-est de l'Espagne. La plus grande centrale européenne jamais construite, Thémis, d'une puissance de 2,5 mégawatts, située à Targasonne, dans les Pyrénées-orientales, fut exploitée pendant une période d'essai de trois ans entre 1983 et 1986. Chacune de ces centrales expérimentales comportait un système d'accumulateur thermique permettant à l'installation de produire de l'électricité pendant les courtes périodes d'absence d'ensoleillement.

165

En Israël, à la tour solaire de l'institut Weizmann, installée en 1987, 64 héliostats à surface incurvée, contrôlés par ordinateur, réfléchissent et focalisent le flux énergétique sur cinq foyers collecteurs indépendants. Le champ solaire peut fournir jusqu'à 3 000 kilowatts d'énergie concentrée et l'on étudie des moyens d'utiliser l'énergie solaire sous forme chimique. La recherche a montré qu'un caloporteur chimique au fonctionnement basé sur la réaction réversible dans laquelle le méthane est transformé en hydrogène et en monoxyde de carbone est une source d'énergie envisageable. Lorsque les produits de la réaction gazeuse sont refroidis, ils sont stockés sous haute pression et transportés jusqu'à un réacteur de méthanisation dans lequel l'hydrogène et le monoxyde de carbone réagissent pour

64

166

167

164. En Israël, conformément à la loi exigeant que des chauffe-eau solaires soient installés sur tout immeuble inférieur à huit étages, environ 900 000 modules sont en service dans l'ensemble du pays. Ici, vue aérienne du quartier Me'ah Shearim de Jérusalem.

165. Ce dessin du **Cristo Sole** *a été tracé par un étudiant indien de l'école Saint-Xavier à Kalol au Gujerat d'après une mosaïque du dieu soleil, Hélios, découverte en 1574 sous la basilique Saint-Pierre au Vatican.*

166-167. La cuisson des aliments et le chauffage de l'école Saint-Xavier sont intégralement assurés par des capteurs solaires installés par les étudiants eux-mêmes.

produire du méthane. Celui-ci dégage de grandes quantités de chaleur employée pour générer de la vapeur, de l'électricité, ou les deux. Le cycle est complet lorsque le méthane est renvoyé jusqu'au site. Les chercheurs de l'institut Weizmann travaillent également sur la focalisation directe de l'énergie solaire sur un moteur Stirling (moteur thermique à combustion externe) pour produire de l'électricité.

Les chercheurs de l'ex-Union soviétique ont construit et testé en Crimée un prototype de centrale à tour avec récepteur central, la station SPS-5, de 5 mégawatts, près du village de Myosovoye. Dans cette installation, 1 600 miroirs d'une surface totale de 40 000 mètres carrés focalisent l'énergie solaire sur un capteur posé au sommet d'une tour de 88 mètres. Cette énergie solaire concentrée est utilisée pour produire de la vapeur à 480 degrés qui actionne des générateurs électriques à turbine.

À la différence des systèmes à récepteur solaire central ou des tours solaires dans lesquels l'énergie est concentrée sur un récepteur central unique, les systèmes thermosolaires à collecteurs décentralisés utilisent un groupe de miroirs paraboliques ou de réflecteurs cylindro-paraboliques pour collecter l'énergie solaire et la focaliser sur une série de surfaces réceptrices. Dans ce dernier système, chacun des réflecteurs ou des miroirs paraboliques fonctionne individuellement. Le capteur parabolique concentre le flux énergétique sur une tache focale ponctuelle, tandis que le collecteur cylindro-parabolique le concentre selon une tache focale linéaire. Des caloducs courent entre les foyers ponctuels ou le long des lignes focales où l'énergie solaire est concentrée. Le fluide qui circule dans ces tuyaux est chauffé à haute température grâce à l'intensité de l'ensoleillement. Le fluide thermique peut alors être employé pour le chauffage des locaux, pour générer de l'électricité, ou fournir de la chaleur ou de la vapeur à usage industriel.

Les neuf centrales du Système de Génération d'Électricité Solaire (SEGS) implantées sur trois sites du désert Mojave, en Californie, sont les plus grandes centrales solaires thermodynamiques du début des années 90. Une première centrale – d'une puissance de 13,8 mégawatts appelée SEGS I – a été terminée à

168

168. Un professeur de l'école de l'énergie solaire du district de Mancheng enseigne à quelques-uns de ses 500 étudiants chinois l'art du chauffage solaire par l'eau. Ces modules sont utilisés dans le bâtiment scolaire qui comporte également environ 90 lampes photovoltaïques.

169

Daggett en décembre 1984. Conçue et installée pour un coût d'environ 62 millions de dollars, elle consiste en 560 réflecteurs cylindro-paraboliques à moteur (pour suivre la course du soleil dans le ciel) d'une surface de réflexion d'environ 72 000 mètres carrés.

La construction d'une deuxième centrale, SEGS II, d'une puissance de 30 mégawatts a été terminée à Daggett en octobre 1985. Cinq unités supplémentaires de 30 mégawatts, de SEGS III à SEGS VII, ont été mises en service entre 1986 et 1988 à Kramer Junction, environ 65 kilomètres à l'ouest. Au cours de 1989 et 1990, à Harper Lake, à une quarantaine de kilomètres au nord-ouest de Daggett, on a ensuite construit les deux premières unités de 80 mégawatts : SEGS VIII et SEGS IX, ce qui porte à 354 mégawatts la puissance totale des centrales. Le coût de la production électrique générée par ces centrales de 80 mégawatts est inférieur à celui de l'énergie produite par les centrales thermonucléaires mises en service actuellement aux États-Unis, avant même la prise en compte du coût de traitement des déchets nucléaires et de la mise hors service des centrales. Ce type de filière permet de répondre aux pointes de consommation et, ce faisant, réduit simultanément la brume de pollution puisque environ 80 % de l'électricité solaire est générée aux heures de pointe de consommation, au moment où se produisent typiquement les pics de pollution atmosphérique du sud de la Californie.

***169.** Le four solaire d'Odeillo construit sur le versant français des Pyrénées en 1970 est un instrument de recherche connu, utilisé pour des expériences sur des matériaux et des procédés à haute température et à flux élevés, équivalant à « dix mille soleils ».*

171

Au début des années 90, d'autres équipes de chercheurs ont également mis au point des réflecteurs cylindro-paraboliques, notamment à l'université de Sydney où l'on a développé un concept original. Des essais ont montré que l'amélioration de la surface des récepteurs, la recherche d'un meilleur dispositif d'orientation et une conception plus sophistiquée des réflecteurs cylindro-paraboliques pouvaient augmenter la concentration du flux solaire d'environ 25 %. Par ailleurs, on estime qu'en ajoutant un système d'isolation sous vide aux caloducs, on pourrait améliorer les performances du système et atteindre un rendement annuel de 20 %, avec des pointes de 25 à 30 %. Cette nouvelle conception présente aussi l'avantage de pouvoir fonctionner en continu pendant 8 heures en l'absence de soleil, par simple accumulation de la chaleur dans des lits de galets peu onéreux, ce qui nous ramène, une fois de plus, à l'âge de la pierre. En Israël, un autre système conçu pour l'alimentation en eau chaude et en vapeur des hôpitaux, des hôtels et de l'industrie offre un excellent rendement. Cette filière, qui fait appel à une chaufferie auxiliaire au fioul ou au gaz, combine un ensemble de collecteurs solaires en matière plastique (pour préchauffage) et de miroirs à concentration linéaire qui génèrent des niveaux croissants de température en optimisant les champs solaires par une disposition en cascade.

70

170. À Barstow, en Californie, la tour solaire Solar Two de 10 MW. Le récepteur, haut de 61 mètres, est entouré d'une batterie circulaire de 1 818 héliostats mobiles de 7 mètres de hauteur. La chaleur est stockée puis extraite pour générer l'électricité.

171. Implantée sur un site de 20 hectares près de Warner Springs, en Californie, cette installation de 4,9 MW capte le rayonnement solaire par ses 700 miroirs paraboliques de 9,5 mètres dotés chacun d'une batterie de 24 réflecteurs d'un diamètre de 1,5 mètre.

172. (Pages suivantes.) Le plus grand complexe thermosolaire du monde, dans le désert Mojave, en Californie. 1,5 million de miroirs paraboliques concentrent les rayons du soleil sur des tubes remplis d'une huile de synthèse que l'on fait bouillir avec de l'eau dans un échangeur thermique pour produire de la vapeur turbinée ensuite pour générer de l'électricité.

L'âge de la pierre industriel

Pour les Ayarmacas du nord du Chili et les Incas du Pérou, c'est le dieu Viracocha qui créa l'humanité mais, comme les hommes lui manquèrent de respect, il les métamorphosa en poupées de pierre peinte. Ensuite, grâce à l'énergie du soleil, il ramena à la vie ceux qui avaient expié. Selon un mythe grec, seuls un homme et une femme survécurent à la grande inondation que déclencha Zeus dans sa colère. Ce couple, Deucalion et Pyrrha, recréa l'humanité en jetant des pierres derrière lui sur le Parnasse, la montagne d'Apollon, dieu grec du soleil. Le dieu Utu, son homologue chez les Sumériens, aide Dumuzi, jeune époux de la déesse Inanna, à s'échapper du monde infernal en le transformant en pierre. Un mythe chinois raconte qu'alors que Yu le Fort creusait les montagnes pour drainer l'eau des crues vers la mer, il épousa une jeune fille T'u. Celle-ci donna naissance à un fils, K'i, lequel – comme son père Yu – était un roc. L'ammonite salagrama représente le dieu indien du soleil, Vishnu, et la pierre brahmanada est « l'œuf doré » de Brahma, appelé « soleil resplendissant » dans le *Rigveda*.

On pourrait pratiquement faire remonter aussi les origines de la science moderne à une pierre, puisque c'est la découverte accidentelle de la magnétite qui provoqua la révolution scientifique et industrielle sans précédent de notre époque. Les remarquables propriétés magnétiques de cette pierre furent consignées pour la première fois au XIIIe siècle par un Français, Petrus Peregrinus de Maricourt, puis approfondies plus tard par les recherches de l'Anglais William Gilbert. En 1600, celui-ci rédigea un traité systématique sur le magnétisme de la terre identifiant la force qui attire deux objets chargés par frottement, et qualifiant d'« électrique » l'énergie qui alimentera finalement les ampoules de Thomas Edison en 1882.

3 a-b

À la même époque, en Grande-Bretagne, l'utilisation accrue d'énergie suscite des efforts pour substituer l'énergie mécanique à l'énergie musculaire humaine et animale. Dans ce contexte, la machine à vapeur va être une découverte majeure. Elle apporte, en effet, la solution longtemps attendue aux problèmes qui se posaient dans les mines de charbon, puisque plus les forages étaient profonds, plus on rencontrait de difficultés pour pomper l'eau d'infiltration hors des puits de mines souterrains. Pour une seule houillère, il ne fallait pas moins de 500 chevaux pour évacuer l'eau, seau par seau. La réponse est trouvée en 1698 par Thomas Savery avec sa pompe à incendie à laquelle succède la machine à vapeur simple et massive de Thomas Newcomen qui actionnait un piston de bas en haut à l'intérieur d'un cylindre. En 1784, James Watt parvient à transformer le mouvement de va-et-vient du piston en un mouvement rotatif afin que la vapeur puisse être utilisée non seulement pour pomper l'eau hors des mines ou vidanger les hauts-fourneaux, mais aussi pour actionner les roues utilisées dans l'industrie et le transport, et notamment celles des locomotives. La traction motrice fut d'abord destinée au transport du charbon en 1825 sur la ligne ferroviaire Stockton-Darlington, mais, très vite les recettes du transport des passagers ont

173. L'énergie solaire générée par la filière photovoltaïque a permis, le 4 juillet 1997, (A) au vaisseau spatial **Mars Pathfinder** *de réussir l'incroyable gageure que représentait un atterrissage sur la planète Mars située à quelque 191,5 millions de kilomètres de la terre, et (B) à* **Sojourner** *d'explorer le sol martien avec son spectromètre aux rayons X proton alpha. Il s'agit là d'une date mémorable de plus dans l'histoire de la recherche scientifique. Celle-ci débuta au XIIIe siècle avec la découverte des propriétés de la magnétite pour aboutir, finalement, à la production d'électricité photovoltaïque.*

174. Le soleil qui brille sur Londres à la veille de la révolution industrielle a inspiré Nicolas Briot (1633) pour la création de cette médaille en or. **Avec l'aimable autorisation de la collection Sotheby's, New York.**

175

excédé celles du transport de fret. Ainsi naquit l'ère du chemin de fer.

Au cours du XVIIe et du début du XVIIIe siècle, la recherche s'intéresse particulièrement aux phénomènes électrostatiques révélés par le magnétisme de l'aimant. En Angleterre, en 1729, Stephen Gray découvre les conducteurs électriques et, en 1733, le jardinier du roi de France, Charles François de Cisternay Du Fay, déclare qu'il existe deux types de force électrique : la force d'attraction, déjà connue, et la force de répulsion, auxquelles Benjamin Franklin attribuera respectivement les signes plus et moins. Lorsque ce dernier annonce que l'éclair est un phénomène électrique, des rires fusent... jusqu'au moment où il apporte la preuve de ses dires. Les phénomènes électrostatiques attirèrent l'attention de plusieurs autres scientifiques comme sir Isaac Newton et Joseph Priestley. Au XVIIIe et au début du XIXe siècle, de substantiels progrès furent réalisés dans le domaine des mathématiques, particulièrement grâce aux travaux des physiciens Henry Cavendish et Charles Coulomb, travaux que compléta le mathématicien Poisson.

L'origine de ces phénomènes – en l'occurrence le soleil et son énorme flux d'énergie – excitait aussi la curiosité scientifique. On calcula qu'annuellement quelque 5,4 millions d'exajoules d'énergie solaire frappaient la haute atmosphère de la terre, dont un tiers était renvoyé dans l'espace, tandis que sur les 18 % absorbés par l'atmosphère, une grande partie se transformait en vent, laissant 2,5 millions d'exajoules atteindre la surface terrestre. Les scientifiques parvinrent également à démontrer que la lumière et ses contreparties invisibles, les ondes radio, les infrarouges, les ultraviolets et les rayons X sont les formes d'énergie les plus pures. Ces radiations électromagnétiques sont créées par le mouvement des électrons, parfois modéré comme dans le cas de l'antenne de radio, parfois violent comme lorsqu'un faisceau d'électrons se déplaçant rapidement à l'intérieur d'un tube de rayons X est soudainement arrêté par l'anticathode. Dans les atomes, les sauts normaux des électrons sont d'une intensité intermédiaire. Toutes ces formes d'énergie radiante peuvent voyager à travers l'espace vide du soleil à la terre.

Ainsi, la recherche s'intensifia pour découvrir des méthodes permettant de convertir l'énergie mécanique, chimique ou électrique d'une forme en une autre. L'attention se concentra particulièrement sur les moteurs thermiques à combustible, les générateurs électriques, les accumulateurs, les cellules photoélectriques, etc. Dès 1900, de nombreuses améliorations comme les trois cycles d'expansion séparés et l'augmentation de la température de la vapeur ont permis d'élever à environ 17 % le rendement de la machine à vapeur. Depuis, la turbine à vapeur, plus rentable et plus compacte, a évincé la machine à vapeur originelle. Avec des perfectionnements et l'utilisation de vapeur à très haute température, le rendement de conversion de l'énergie thermique avoisine actuellement les 40 %.

Le cycle de Brayton, originellement conçu pour les moteurs alternatifs (dans lesquels la combustion s'effectue à pression constante dans une chambre de combustion), décrit le fonctionnement d'une centrale électrique à turbines à gaz comme le turboréacteur. Au cours de la Seconde Guerre mondiale, la nécessité urgente d'améliorer la propulsion des avions conduisit au développement de compresseurs à air légers et de turbines à gaz performantes qui rendirent possible la mise au point du moteur turboréacteur fonctionnant sur le cycle de Brayton. Chauffé par la combustion du kérosène, l'air comprimé est utilisé pour actionner une turbine qui entraîne le compresseur tandis que l'énergie excédentaire vient accélérer la vitesse du gaz d'échappement pour produire la propulsion.

La science de l'électrostatique avait progressé et l'on avait énoncé et codifié clairement ses lois fondamentales, quand un professeur d'anatomie italien, Luigi Galvani, remarque que les étincelles électriques

175. La fabrication des piles au silicium exige leur passage par une série de fours. Ici, dans l'un d'eux, comportant différentes zones, une bande transporteuse expose les plaquettes de silicium aux radiations intenses de lampes à infrarouges, ce qui permet d'élever la température des piles très rapidement et d'obtenir une bonne connexion technique entre la grille métallique et la plaquette ou **wafer.**

produites par une machine provoquent des contractions musculaires sur une grenouille disséquée placée à proximité. C'est un mystère dont la clef sera découverte par le physicien Alessandro Volta qui, en 1792, spécule – avec pertinence – que ce phénomène est consécutif au contact du métal avec le corps humide. En 1800, Volta construit une pile électrochimique pour produire de l'électricité à partir de deux métaux placés au contact d'une solution saline. Un générateur, appelé pile de Volta, visant à produire un potentiel plus élevé sera fabriqué avec des plaques d'argent et de zinc alternées et séparées par du tissu ou du papier trempé dans une solution saline. De nombreux types d'accumulateurs furent développés au XIXe siècle, et cette source d'électricité ouvrit la voie aux premières découvertes électrochimiques. C'est le français Gaston Planté qui, en 1859, développa la pile secondaire à plomb et acide destinée à accumuler l'énergie électrique. De nouveaux types d'accumulateurs ont été mis au point depuis et, récemment, la recherche s'est accélérée car le stockage de l'électricité est l'un des problèmes majeurs auxquels se heurtent les ingénieurs en énergie solaire.

En 1820, un physicien danois, Hans Christian Oersted, déclare que, selon ses observations, l'aiguille d'un compas magnétique dévie au voisinage d'un courant circulant dans des conducteurs, et dès la fin de la même année, le physicien français, André Marie Ampère, démontre que deux fils parallèles transportant du courant s'attirent ou se repoussent en fonction de la direction de ce courant. Il en déduira les lois mathématiques qui régissent l'interaction entre les courants électriques et les champs magnétiques statiques. Un certain nombre d'autres physiciens entreprennent des recherches sur le sujet : en 1827, Georg Simon Ohm publie la loi sur les conducteurs consacrant la capacité de la matière à conduire l'électricité. Michael Faraday découvre l'induction électromagnétique en 1831 et, en 1841, James Prescott Joule publie sa théorie sur le dégagement de chaleur que provoque le passage d'un courant électrique dans des conducteurs.

D'autres chercheurs européens, en Allemagne particulièrement, se sont penchés sur la théorie mathématique de l'électricité et du magnétisme comme Franz Ernst Neumann, Wilhelm Eduard Weber et H. F. E. Lenz par exemple, tandis qu'Hermann von Helmholtz développait la théorie de la relation entre l'électricité et d'autres formes d'énergie. Le résultat de cette somme de recherche

176

effectuée par de nombreux scientifiques mettra en lumière la connexion entre l'électromagnétique et l'optique, connexion confirmée en 1860 dans les célèbres équations de Scott James Clerk Maxwell, lequel se distingue d'ailleurs en réalisant enfin la synthèse cohérente de l'électricité, du magnétisme et de l'optique. Cette synthèse concordait avec le sujet de la première leçon qu'avait tirée Charles Darwin de ses observations vulcanologiques lors d'un de ses fameux voyages à bord du *Beagle*. Celles-ci l'avaient conduit à la conclusion que « les lois naturelles s'appliquent uniformément dans le temps ».

On entreprit ensuite une recherche exhaustive sur les appareils statiques de conversion de l'énergie en raison de leur fiabilité et de leur absence de pièces mobiles. Ces appareils statiques substituaient des électrons, choisis comme fluide actif, à la vapeur ou au gaz employé dans le moteur thermodynamique. Dans le générateur thermoélectrique, par exemple, les électrons sont mis en mouvement par l'énergie thermique (augmentation de la température). Cette dernière crée une différence de potentiel à la jonction de deux conducteurs faits de matériaux dissemblables, ce qui produit un courant électrique. Cet effet fut découvert en 1821 par l'allemand Thomas Johann Seebeck lorsqu'il observa que l'aiguille d'un compas posé à proximité d'un circuit fait de matériaux conducteurs différents déviait quand on chauffait l'une des jonctions. Il étudia de nombreux matériaux – dont certains répertoriés depuis comme semi-conducteurs – qui produisaient de l'énergie électrique

***176.** Vue d'une chaîne de production de systèmes photovoltaïques. Au premier plan, préparation des rubans ; au centre, élaboration des matrices des cellules solaires et, à l'arrière-plan, finition du processus de laminage.*

avec un rendement de 3 %, comparable à celui d'une machine à vapeur de l'époque. Cependant, l'utilité de la découverte ne fut pas perçue comme une possibilité de générer de l'électricité parce que Seebeck n'avait interprété l'effet thermoélectrique que comme un effet magnétique causé par une différence de température. Ce n'est que récemment que les générateurs thermoélectriques se sont imposés pour produire de l'électricité dans des situations spécifiques pour lesquelles il est préférable d'utiliser des appareils statiques de conversion de l'énergie d'une grande fiabilité mais de peu de rendement.

Le générateur thermoïonique – un autre système statique de conversion de l'énergie – a récemment fait l'objet d'études très approfondies dans le cadre des programmes spatiaux. Se détachant d'une électrode à haute température, les électrons, émis sous vide par l'énergie thermique, traversent une différence de potentiel jusqu'à une électrode plus froide. Thomas Edison fut le premier à observer un courant électrique passant entre un filament incandescent et une électrode froide dans un tube sous vide, mais ce ne fut qu'en 1958 que le développement des générateurs thermoïoniques prit réellement son essor. Bien que leur rendement se soit beaucoup amélioré depuis, l'absence de matériaux adaptés à de très hautes températures et les problèmes de construction en ont limité la fiabilité.

Aujourd'hui, toutes les théories des propriétés électromagnétiques des métaux, des isolants et des matériaux magnétiques sont formulées en termes d'électrons. Jusqu'ici, rien n'a permis de penser que la couleur, la qualité et le comportement chimique de la matière qui nous est familière pouvaient être expliqués par l'électricité et le magnétisme. Mais c'est le propre de la physique : la chute d'une pomme a conduit les scientifiques à spéculer sur la force qui maintient les planètes sur leur orbite, le passage du courant électrique à travers un gaz a été un indice permettant d'expliquer la couleur verte de l'herbe ainsi que la nature de la force qui retient assemblés des éléments d'une pierre. Incidemment, il se trouve que le nom du plus créatif des scientifiques de l'histoire, Einstein, signifie littéralement « une pierre ».

177

178

177. La recherche mondiale travaille actuellement sur la technologie des photopiles au silicium en couches minces. Pour manufacturer du silicium polycristallin de grande qualité, on a recours à la technique de déposition chimique par vapeur à haute température (CVD).

178. Les piles solaires en couches minces au silicium amorphe et les alliages sont fabriqués dans ce système de double four sous ultra vide connu sous le nom de AMOR.

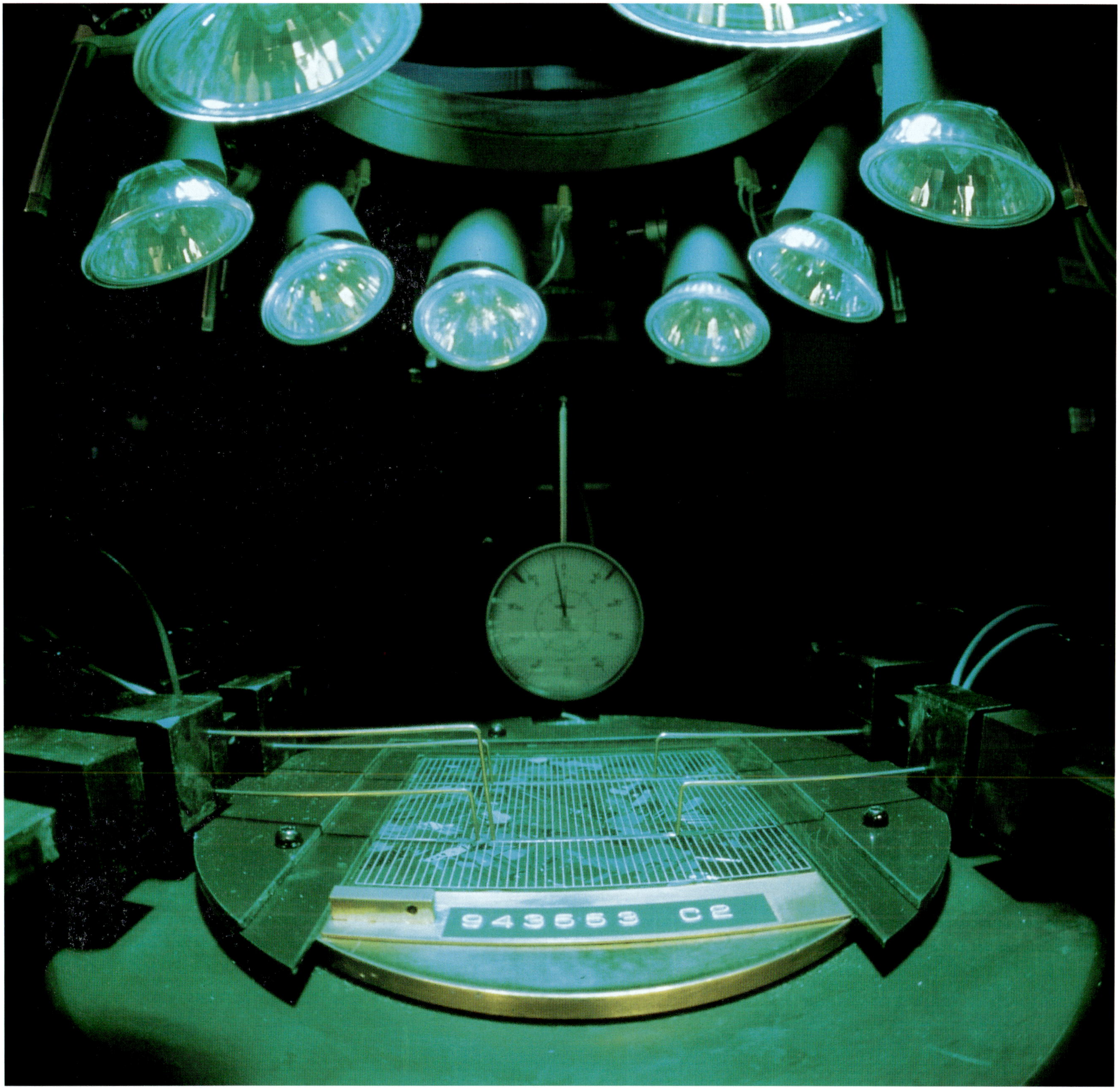

179

179. On utilise un simulateur solaire pour mesurer les caractéristiques de voltage de piles de dimensions et de types différents ainsi que leur réaction spectrale. Pour déterminer cette dernière, on focalise une lumière verte sur les piles. Les locaux sont éclairés par des lampes halogènes.

180

L'architecture bioclimatique

L'humanité, dit le *Veda*, fut sculptée à partir du globe solaire par l'architecte céleste Vishvakarma. Un mythe chinois du IVe siècle av. J.-C. suggère, lui aussi, la puissance formidable du soleil. C'est la légende de Hsi-ho, « la mère des dix soleils » qui vivait parmi les branches du Grand Mûrier Fusang dans la vallée de la Lumière. Sous l'apparence d'une corneille, chaque jour de la semaine chinoise qui en comptait dix, les soleils se montraient à tour de rôle dans le ciel. Un jour, à la suite d'une confusion, tous les dix apparurent simultanément et auraient réduit la terre en cendres si Yi, le grand archer, n'avait sauvé le monde en abattant neuf d'entre eux, n'en laissant ainsi qu'un seul dans le ciel. Ce mythe chinois a de nombreux équivalents. Chez les indiens Shastas de Californie, c'est le coyote qui tue neuf des dix frères-soleils, et, dans la veine du conte chinois, le héros national des Golds de la Sibérie orientale abat deux des trois soleils lorsque leur chaleur devient insupportable pour le monde. Les Sémangs de Malaisie tout comme les Battaks de Sumatra croient, quant à eux, que le soleil est le géniteur de plusieurs enfants-soleils mais que la lune parvient par la ruse à les lui faire dévorer quand ils menacent d'incendier la terre. Depuis l'apparition des hominiens de l'âge de la pierre taillée, voilà un million et demi d'années, les hommes des cavernes ont littéralement posé les fondations de l'architecture bioclimatique. Ils connaissaient la propriété qu'avait la pierre d'emmagasiner la chaleur passive du soleil pendant les heures de la journée tout en conservant leur caverne fraîche et de la restituer la nuit, ce qui la rendait confortable. Au fil du temps, l'intensification des échanges commerciaux et culturels entre l'agriculteur – dont l'existence reposait sur la sédentarité – et le nomade mû, au contraire, par un besoin atavique de se déplacer, provoqua l'émergence d'une néo-architecture des cavernes. On peut en voir de nombreux vestiges le long des routes de la Soie, en Asie centrale, en Inde, et dans d'autres régions qui s'étendent de la côte orientale de la Chine jusqu'à la Méditerranée. Comme les caravanes traversaient de vastes continents, ces grottes-caravansérails, creusées au bord des chemins dans des escarpements rocheux pratiquement verticaux, offraient aux voyageurs une détente et un repos bien mérités lorsqu'ils y faisaient halte au cours de leurs longs et pénibles voyages.

Dans les immenses étendues d'Asie centrale où la pierre était rare, les populations nomades copièrent l'idée de la ca-

182

180. Le Panthéon d'Hadrien à Rome (117-126) est une yourte de nomade « transcendée » et, comme dans le modèle, l'ouverture circulaire pratiquée dans le dôme de la rotonde symbolise le soleil. **Avec l'aimable autorisation de la National Gallery of Art, Washington D.C.**

181. Le soleil et la lune dans l'embrasure de la fenêtre d'une maison de gondolier à Venise.

182. Les contreforts des montagnes escarpées dans lesquelles les grottes furent creusées servirent de modèles architecturaux pour les temples et les sanctuaires comme pour ce temple du soleil construit au XIe siècle à Modhera, en Inde.

183

verne pour hisser leurs *yourtes*, des tentes circulaires démontables, faites de cuir et d'étoffe. Les *yourtes* évoluèrent pour devenir finalement des édifices superbes comme le Panthéon d'Hadrien à Rome avec sa rotonde (117-126), par exemple. La grande ouverture circulaire pratiquée dans l'immense dôme et destinée à l'ensoleillement, au chauffage ainsi qu'à la ventilation de cette yourte « transcendée » est une réplique évidente du « soleil » ouvert dans le toit des tentes nomades. Ces « conteneurs » d'énergie, comme les a définis l'historien et architecte Lewis Mumford dans un contexte moderne, adoptèrent toutes sortes de formes : des habitations mésopotamiennes faites « d'un trou dans le sol durci par le soleil jusqu'à la consistance de la brique, aux constructions en pisé et autres types de huttes ». D'autres « conteneurs » néolithiques contenaient des ustensiles en pierre et en poterie, des constructions telles que des granges et des silos, ainsi que des « conteneurs » collectifs comme les canaux d'irrigation et les villages eux-mêmes.

Au Pendjab (divisé entre l'Inde et le Pakistan), l'énergie solaire était déjà utilisée rationnellement 4 000 ans av. J.-C. comme le prouvent les vestiges de la vallée de l'Indus et d'Harrapa, traces visibles de l'architecture solaire traditionnelle des premiers peuplements urbains. L'orientation des édifices montre à quel point les habitants étaient conscients de l'importance de l'exposition des constructions. L'exposition sud étant favorisée par l'ensoleillement à la différence du nord, c'est l'axe, la direction de la maison et son volume intérieur qui déterminent l'importance de son ensoleillement. On retrouve nettement cette méthode de tracé dans les ruines de Sirkap (Ier et IIe siècles) près d'Islamabad, au Pakistan, où l'orientation nord-sud des rues, bordées de part et d'autre de maisons en brique, permettait à chacune d'elles de bénéficier d'un ensoleillement adéquat. Un autel consacré à l'adoration du soleil se dressait au-dessus de l'agglomération.

Les Zoroastriens, qui adoraient le feu en qui ils

*183. Depuis l'apparition de l'***Homo faber***, il y a environ 1,5 million d'années, les fondations de l'architecture bioclimatique furent littéralement posées par les hommes des cavernes préhistoriques. Les propriétés de la pierre qui conservait la fraîcheur dans les cavernes durant la journée tandis qu'elle les maintenait chaudes la nuit étaient utilisées rationnellement dans les temples troglodytiques taillés dans la masse des montagnes comme ici à Petra (en Jordanie) où des vestiges des périodes paléolithique et néolithique ont été découverts.*

voyaient une représentation du soleil sur terre, donnaient à leurs sanctuaires la forme d'un cercle (*kukeldash*) ou d'un hémicycle (*shashtepa*). Par analogie à la position du soleil, ces sanctuaires occupaient d'ailleurs une position centrale dans l'urbanisme circulaire local que l'on peut encore observer dans de nombreuses agglomérations d'Asie centrale où chaque maison bordant les rues circulaires reçoit la lumière du soleil à un moment ou un autre de la journée. Cet urbanisme zoroastrien fut repris par les Grecs et les Romains avec des adaptations appropriées comme dans le cas de la cité médiévale française de Bram, dans l'Aude, fondée en 333.

Les cultures traditionnelles croient en général aux bienfaits de l'exposition au soleil : c'est pourquoi on s'attachait à tirer le meilleur parti possible de l'ensoleillement pour l'hygiène. À l'instar des coutumes pratiquées dans la vallée de l'Indus, des codifications architecturales très complexes (intégrant la conception d'installations sanitaires solaires) étaient appliquées à la construction des maisons dans l'Égypte ancienne du Moyen Empire (2100-1700 av. J.-C.). On y utilisait rationnellement le rayonnement du soleil pour le chauffage de l'eau des sanitaires et les systèmes d'égout. L'architecture romaine exploita les idées d'autorités médicales telles qu'Oribase, qui écrivait : « Les régions exposées au sud sont des endroits sains en raison de leur exposition au soleil. Les régions exposées au nord sont les moins salubres car leur ensoleillement est limité et, lorsqu'elles en bénéficient, la lumière frappe obliquement, sans grande vitalité. »

Vers la seconde moitié du troisième millénaire av. J.-C., l'architecture grecque à faible consommation d'énergie (comme les arts en général) adopta très largement les idées venues d'Égypte, au sud par la mer Égée, et à l'est par le biais des échanges généralisés avec la Mésopotamie. Des éléments archéologiques prouvent qu'au moment où l'urbanisation s'intensifiait en Syrie et au Levant, les Égyptiens et les Nubiens entretenaient des relations commerciales avec des régions aussi éloignées que la Perse orientale dont l'architecture solaire avait été influencée par les constructions de la vallée de l'Indus conçues pour conserver la fraîcheur sous l'ardent soleil du désert. Près du Caire, la ville égyptienne d'Oùnou – que les Grecs baptiseront plus tard Héliopolis – était déjà un centre d'enseignement

184

185

184. Les cavernes préhistoriques furent les précurseurs des caravansérails qui jalonnaient l'itinéraire des interminables routes de la Soie. Ici, le temple troglodytique de Maijisshan, en Chine, creusé dans un escarpement rocheux pratiquement vertical.

185. L'architecture des magnifiques monolithes de la route de la Soie n'a qu'un très lointain rapport avec les grottes préhistoriques, hormis la technique d'exploitation de la chaleur passive du soleil.

186

187

important, consacré à des disciplines parmi lesquelles figurait l'architecture solaire. Ce fut d'ailleurs l'utilisation rationnelle de l'énergie solaire par les Nilotes qui incita Giordano Bruno, une des figures clef de l'humanisme de la Renaissance à la fin du XVIe siècle, à prôner le retour à l'adoration du soleil inspirée des pratiques égyptiennes. Son contemporain, Campanella, qui rédigea un ouvrage sur la *Citta del Sole* (Héliopolis) peuplée de « solariens vêtus de tuniques blanches » était, lui aussi, partisan de l'architecture héliolithique.

L'architecture à faible consommation d'énergie se répandit en Grèce, au Ve siècle av. J.-C., à la suite de l'abattage sauvage du bois pour le chauffage et la cuisson qui laissa exsangues les nombreuses régions totalement déboisées du pays. Le bois était également indispensable pour la métallurgie et la construction des maisons et des bateaux. Platon compare les vallées et les montagnes de son Attique natale aux ossements d'un cadavre : « ...toutes les parties les plus riches et les plus tendres ont disparu, se lamente-t-il et seul demeure le squelette de la région ». Au IVe siècle av. J.-C., on en était réduit à importer du bois des contrés lointaines d'Asie Mineure et des rivages de la mer Noire, ce qui obligeait de nombreuses villes-États – Athènes comprise – à en réglementer la consommation et à prohiber l'utilisation de l'olivier pour la fabrication du charbon de bois. Privés des braseros à charbon de bois portables qui les chauffaient en hiver, les habitants d'Olynthe, de Priène et de Délos adoptèrent certaines idées de Socrate citées par Xénophon : « ...dans les maisons orientées au sud, en hiver, le soleil traverse le portique, tandis qu'en été, le soleil est au zénith audessus du toit, de sorte qu'il y a de l'ombre. »

Comparée à la maigre végétation de la Grèce du IIIe siècle av. J.-C., celle de l'Italie, vaste péninsule richement boisée, était luxuriante. Mais à Rome, et avec le développement de l'Empire particulièrement, la consommation de bois atteint de telles proportions qu'il n'en reste que fort peu pour alimenter l'industrie, construire les maisons et les bateaux et chauffer les bains publics et les habitations des particuliers. Les riches Romains chauffaient leurs luxueuses villas avec l'air obtenu par la combustion du bois ou du charbon de bois dans des chaudières appelées *hypocaustes*. Cet air circulait à travers des briques creuses du sol et des murs. Comme ces installations de chauffage central pouvaient consommer jusqu'à 130 kilogrammes de bois en une heure, les réserves

186 – 187. Tout comme la rotonde du Panthéon d'Hadrien conçue d'après le modèle de la yourte encore usitée par les nomades mongols, l'architecture solaire de l'hôpital Sakuramachi à Koganei (Tokyo) optimise également l'utilisation de la chaleur passive. Les matériaux naturels comme le bois, la terre et le papier ne retiennent pas seulement la chaleur du soleil mais créent aussi un espace habitable chargé d'ambiance et de texture.

locales furent épuisées dès le Ier siècle av. J.-C. et on dut importer le bois de construction de régions aussi éloignées que le Caucase, à plus de mille kilomètres à l'est. Au IVe siècle, les réserves de biomasse étaient si gravement ravagées qu'une flotte entière, la *navicularii lignarii* ou navires de transport du bois, dut être armée dans le seul but d'en convoyer depuis la France et l'Afrique du Nord jusqu'à Ostie, important port romain. « Autonomie » devint le maître mot, un mot d'ordre répandu par Faventinus et, plus tard, Palladio, deux éminents architectes.

188

C'est durant cette période critique du Ier siècle av. J.-C. que les Romains adoptèrent les techniques de chauffage à basse température de l'architecture solaire grecque. Cependant, à la différence des méthodes utilisées dans les petites villes-États grecques, les architectes romains étaient obligés de tenir compte des spécificités locales d'un très vaste empire composé de régions dotées d'une gamme de climats différents. « Nous devons commencer par observer les pays et les climats dans lesquels les maisons vont être construites si nous voulons que nos plans soient appropriés, remarque l'architecte Vitruve. En fonction des différentes caractéristiques des paysages et des pays, un style de bâtiment semble approprié pour l'Égypte, un autre pour l'Espagne... un autre encore pour Rome et ainsi de suite, et cela parce qu'une partie de la terre est exposée directement aux rayons du soleil tandis qu'une autre en est très éloignée et qu'une autre encore se trouve à mi-chemin des deux premières... Il est évident que les plans de construction des maisons doivent être adaptés aux diversités climatiques. »

L'architecte romain Faventinus et plus tard Palladio prônèrent une méthode ingénieuse de chauf-

189

190

188-189-190. La bille de bois indiquant la direction de la ferme de Rainbow Valley, dans les collines de Matakana, en Nouvelle-Zélande, est une présentation judicieuse de la maison solaire « passive » en grès dont le toit de terre foisonne de fleurs et de plantes grasses. Cette habitation bioclimatique est bâtie sans matériaux toxiques et sa toiture unique, en terre, est soutenue par de solides poutres et des colonnes en briques de terre. Le propriétaire, Joe Polaischer, est particulièrement heureux du système qui lui permet de diriger l'eau chaude excédentaire des chaudières à bois dans des tuyaux installés sous le plancher pour fournir un chauffage d'appoint.

191

192

193

194

191. La maison écologique construite par le conseil municipal de Wellington, en Nouvelle-Zélande, combine diverses formes de l'énergie solaire : chaleur passive, thermique et photovoltaïque.

192. Cette maison de Bowie, au Maryland, (États-Unis), est équipée des nouveaux modules solaires qui copient les couvertures conventionnelles métalliques. Ils sont faits de piles solaires au silicium amorphe déposées sur un fin substrat en acier inoxydable, souple et léger, plaqué avec des polymères avancés, le tout posé sur un panneau de couverture métallique plan.

193. Les cottages de vacances scandinaves traditionnels sont de plus en plus souvent équipés de systèmes solaires comme ici dans le nord de la Finlande.

194. L'énergie solaire est la principale source d'électricité du village de Kerava près d'Helsinki.

fage par le sol à circulation d'air chaud, pour l'hiver, une technique inventée par les Grecs et reprise par Vitruve. Elle consistait à creuser un petit foyer au-dessous d'un sol de couleur noire – couleur qui absorbe la chaleur – que l'on emplissait de tessons de poterie ou de cailloux, recouverts ensuite d'un mélange de sable sombre, de cendres et de chaux. La masse inférieure des cailloux accumulait pendant la journée de grandes quantités de chaleur qui s'évacuaient durant la soirée lorsque la température des pièces baissait. Parmi les nouvelles techniques d'économie d'énergie, Palladio suggéra aussi le recyclage de l'eau des bains et l'installation des appartements d'hiver directement au-dessus des bains chauds afin de tirer parti à la fois de la chaleur du soleil et de la chaleur résiduelle des bains sis à l'étage inférieur.

La méthode traditionnelle dans laquelle l'air fait office de caloporteur – c'est-à-dire de moyen de transport de la chaleur – a inspiré les architectes modernes, les fabricants japonais d'OM Solar, par exemple. Dans leurs conceptions d'habitat bioclimatique, l'air de l'extrémité des avant-toits est canalisé sous les panneaux de la toiture et chauffé par les rayons du soleil. Cet air chaud circule dans un caloduc situé sous les planchers et chauffe les pièces. Lancé au Japon en 1987 par un architecte, le professeur Akio Okumura, ce système a été appliqué à quelque 10 000 installations actuellement en service, du nord au sud du pays, d'Hokkaido à Kyushu. OM a adapté une innovation romaine supplémentaire : la serre ou la verrière mitoyenne dont l'extension vitrée adossée à la façade sud des constructions représente un gain énergétique en même temps qu'un surplus d'espace utile. L'accumulation peut se faire directement à l'intérieur de la masse thermique du sol et éventuellement des murs du bâtiment bénéficiant de l'ensoleillement. Autre technique : la chaleur canalisée par un lit de galets utilisant la circulation naturelle et la circulation gérée.

Les traditions ont la vie dure. Actuellement, dans la plupart des régions du monde et notamment dans les pays en développement d'Asie, d'Afrique et d'Amérique latine, l'architecture dite « ethnique » ou « traditionnelle » avec ses constructions d'origine préhistorique ou ancienne reste prédominante. L'exploitation rationnelle du soleil et la protection contre sa chaleur excessive demeurent les critères déterminants dans la construction des habitations, et les matériaux de construction employés sont d'ailleurs pratiquement les mêmes que ceux de la Rome antique. D'abord armatures d'osier, cimentées avec de l'argile sous une charpente en bois, puis, plus tard, bois de construction et briques en terre ont précédé l'utilisation de matériaux plus durables comme la pierre, le marbre et le ciment.

195

196

195-196. Les couloirs de ce centre d'enseignement de l'écologie De Kleine Aarde à Boxtel, aux Pays-Bas, sont couverts de panneaux solaires qui transmettent la lumière. Ils servent à la fois à générer de l'électricité et à absorber la chaleur. Cette méthode double fonction est maintenant utilisée dans le monde entier, notamment dans l'architecture des bâtiments des services publics dotés de vastes pièces recouvertes de verrières.

Vers le Ier siècle, apparut une autre innovation importante en matière d'exploitation passive de l'énergie solaire. Pour fabriquer les fenêtres, on commença en effet à employer des matériaux transparents, laissant passer la lumière mais arrêtant la pluie, la neige et le froid. Les Romains avaient probablement entendu parler de l'existence du verre en Égypte et en Mésopotamie où l'on fabriquait des perles de verre 2 500 ans av. J.-C. À propos de l'utilisation du verre à Rome, le philosophe Sénèque rapporte en 65 que « certaines inventions prennent naissance dans notre propre mémoire, comme l'usage des vitres qui laissent passer la lumière à travers un matériau transparent, par exemple ». Les fouilles d'Herculanum, de Pompéi et d'autres sites prouvent que les fenêtres des maisons des riches Romains étaient dotées de vitres.

Comme par le passé, les constructions d'aujourd'hui requièrent une bonne isolation thermique externe et des vitrages hermétiques pour réduire la consommation de chaleur. Le verre ordinaire possède deux caractéristiques importantes qui le rendent particulièrement utile dans les systèmes hélio-thermiques : il permet le passage d'un maximum de lumière visible sans absorption ni réfraction mais réfléchit ou absorbe sous forme de chaleur les ondes plus longues, les radiations infrarouges. Dans l'habitat bioclimatique, le rayonnement solaire incident s'accumule normalement dans une masse thermique comme le béton, la brique, la pierre, l'eau ou un matériau qui change de forme sous l'effet des variations de température (du solide au liquide, ou vice-versa). L'intensité de l'ensoleillement est contrôlée

197

197-198. Vue du centre d'information de Kushira à Hokkaido, au Japon. Dans ce concept architectural d'OM Solar System, on a exploité la méthode romaine classique du chauffage par le sol pour stocker de l'énergie solaire. Elle consiste à utiliser des caloducs verticaux (ici en jaune) de telle sorte que, dans cette île septentrionale du Japon, l'espace habitable conserve une chaleur qui le maintienne confortable, même pendant les mois d'hiver, lorsque la température extérieure moyenne tombe à – 6 degrés.

198

199

par des avant-toits, des stores et des volets, tandis que les matériaux d'isolation contribuent à réduire la déperdition de chaleur pendant la nuit ou les saisons froides. Les régulateurs de tirage et les ventilations sont généralement employés pour distribuer l'air froid ou chaud à partir du système vers les endroits voulus.

L'application la plus courante de l'énergie solaire est aujourd'hui le chauffage par l'eau utilisée comme caloporteur ou fluide thermique. Mis au point au XVIIIe siècle par un scientifique suisse (Horace-Bénédict de Saussure), la plupart des capteurs solaires plans consistent en un coffre vitré généralement relié à un ballon de stockage de chaleur intérieur. Ce coffre est équipé d'un absorbeur de chaleur et de petits caloducs en cuivre qui distribuent l'eau de chauffage de bas en haut. Les systèmes de chauffe-eau solaires se sont répandus aux États-Unis – spécialement en Floride et en Californie – ainsi qu'en Australie au début du siècle. Pour les seuls États-Unis, des douzaines de compagnies ont installé plus de 2,5 millions de systèmes héliothermiques, tandis qu'au Japon, plus de 5 millions de chauffe-eau solaires ont été posés sur les toits depuis le milieu des années 80. En Europe, depuis le début des années 90, des considérations écologiques ont également incité les gouvernements à s'intéresser de plus près aux chauffe-eau solaires. Ainsi, aux Pays-Bas, 15 000 ont été installés, grâce à des subventions. Dans les bâtiments, les applications du chauffe-eau solaire et du chauffage des locaux peuvent être combinées dans un système mixte intégré pour fournir à la fois de l'eau chaude à usage domestique toute l'année et du chauffage d'ambiance en fonction des besoins.

Israël est un exemple remarquable de la façon dont on peut rentabiliser les accumulateurs solaires posés, conformément à la loi, sur pratiquement toutes les toitures du pays. Cette loi exige que des chauffe-eau solaires soient installés dans chaque nouvel immeuble d'habitation d'un maximum de huit étages. Résultat : 65 % des foyers d'Israël sont

20

199. Le pavillon Akakokko, éponyme de la plus répandue des 210 espèces d'oiseaux vivant sur l'île japonaise de Miyakejima, dans l'océan Pacifique, est un bon exemple de la manière dont on peut intégrer les constructions à l'environnement naturel. Les ailes du pavillon, qui captent de l'énergie solaire, ont été construites sans toucher aux arbres environnants, et les foules qui se pressent pour venir voir les oiseaux ne les dérangent en aucun cas.

200. La Maison Arbre d'Offenburg, en Allemagne, est le résultat d'une expérience architecturale audacieuse en matière de production et d'utilisation de l'énergie thermique et photovoltaïque du soleil. Construite en 1994, cette centrale de 100 kilowatts génère environ 80 000 kilowattheures électriques et sert de résidence à son architecte Rolf Disch. Ses ouvertures sont exposées du côté ensoleillé, elle est bien isolée sur son côté ombragé et l'eau est chauffée par des capteurs solaires.

AXOR
hansgrohe
AXOR
hansgrohe
AXOR
hansgrohe
AXOR
hansgrohe

201

maintenant équipés de chauffe-eau solaires, soit, au total, environ 900 000 installations. Elles alimentent 83 % des foyers en eau chaude et emploient des milliers de gens dans quelque 30 entreprises spécialisées. S'inspirant d'Israël, la plupart des pays méditerranéens utilisent maintenant des chauffe-eau solaires et leur fabrication est devenue une industrie artisanale. À Chypre, par exemple, plus de 150 000 unités en service – une unité pour cinq personnes – assurent l'équivalent de 9 % de la consommation électrique totale du pays. Globalement, sur une surface de 2 millions de mètres carrés, 600 000 capteurs ont été installés en Grèce où cette industrie fait travailler 3 000 ouvriers. Outre les 12 compagnies principales, environ 350 petits ateliers artisanaux contribuent à couvrir les deux tiers du marché de l'énergie solaire du pays. Compte tenu de l'ensoleillement généreux de ces régions, l'utilisation des chauffe-eau solaires est en passe de devenir rapidement populaire en Asie, en Afrique et en Amérique Latine où des dizaines de milliers de systèmes ont été installés, le plus souvent avec une aide gouvernementale minime.

Les projets de chauffage solaire urbain se répandent eux aussi. Avec plus de douze installations d'envergure en projet ou déjà réalisées, la Suède est le premier pays du monde quant à leur développement, tandis qu'en Allemagne, trois projets d'importance sont en chantier. Les capteurs à panneaux plans fixes peuvent générer des températures suffisamment élevées pour répondre à la plupart des besoins des locaux en chauffage et en eau chaude, mais ils sont inadaptés aux nombreux processus industriels qui exigent des températures supérieures à 300 degrés. Pour les atteindre, on a recours à des orienteurs qui modifient l'exposition des panneaux en fonction de la position du soleil et leur assurent une exposition favorable toute la

201. Une nouvelle tendance architecturale, tournée vers le photovoltaïque, a visiblement émergé, non seulement dans les pays en développement, mais aussi au cœur de l'Europe industrialisée, comme en témoigne cette église de Steckborn, en Suisse, alimentée au photovoltaïque. Elle infirme aussi l'idée que l'énergie solaire n'est applicable que dans des régions reculées et isolées du monde.

journée, d'où une accumulation d'énergie supérieure à la performance des capteurs fixes. Pour la génération d'électricité, un équipement de lentilles ou de miroirs peut être employé pour focaliser la lumière du soleil, soit sur un seul capteur dans le cas d'un système récepteur solaire central, soit sur un groupe de capteurs, dans un système de collecteurs distribués.

202

Depuis le milieu des années 80, certains pays font des efforts pour inciter leurs populations à utiliser des cuiseurs solaires pour limiter l'utilisation de la biomasse comme combustible. En coopération avec des associations d'auto-assistance, le gouvernement indien a, par exemple, incité à l'emploi d'un cuiseur adapté qui a été distribué à plus de 200 000 familles. Dans certaines régions de Chine comme le Tibet, le Jiangsu et le Qinghai par exemple, plus de 140 000 cuiseurs solaires paraboliques sont maintenant utilisés, et les chauffe-eau solaires sont, simultanément, en passe de devenir très populaires puisque des capteurs couvrant une surface de l'ordre de 1 million de mètres carrés ont en effet été installés en 1996. Au Pakistan, quelque 20 000 cuiseurs solaires sont utilisés par les réfugiés afghans dans des zones arides comme celles de Peshawar et de Quetta. Au Guatemala, dans la région de Progreso, de nombreuses familles les utilisent régulièrement, réduisant ainsi une consommation non négligeable de bois, le combustible traditionnellement dévolu à la cuisson des aliments. Dans les montagnes boliviennes dénuées d'arbres, les bénévoles de Freedom from Hunger ont formé les industriels locaux aux méthodes de construction et d'utilisation des réchauds solaires et des efforts identiques ont été entrepris à Djibouti, au Mexique, au Zimbabwe et dans d'autres pays.

Le Congrès international des architectes, qui formula la Charte d'Athènes en 1940, a déclaré qu'une place au soleil est un des droits fondamentaux les plus importants de chaque individu. Les architectes éminents du monde entier qui participaient à cette réunion se sont inspirés du Code de Justinien de la Rome du VIe siècle qui stipulait que : « Si un quelconque objet est placé de telle sorte qu'il occulte la lumière du soleil à un *heliocaminus,* on doit affirmer que cet objet crée une ombre à un endroit où la lumière du soleil est d'une absolue nécessité. C'est une violation du droit au soleil de l'*heliocaminus.* »

203

202. Cette maison bioclimatique modèle près d'Aix-les-Bains, en France, est équipée d'un chauffage solaire à basse température par le sol, d'une serre orientée au sud-est et d'un capteur thermique à eau chaude.

203. Ce système novateur permettant d'intégrer les installations d'énergie photovoltaïque à l'architecture a été lancé par une compagnie électrique dans le district de Nieuw Sloten, à Amsterdam. La municipalité est propriétaire du lotissement sur lequel a été construit cet ensemble de 71 maisons, tandis que la compagnie électrique détient les systèmes photovoltaïques implantés sur les toits et ne facture aux clients que leur consommation électrique. Ce système de coopérative peut fournir jusqu'à 200 kilowatts d'électricité par journée ensoleillée.

L'auréole de l'énergie photovoltaïque

« Donne-moi la lumière afin que je puisse contempler ta beauté », invoquait un texte égyptien d'Héliopolis tracé en hommage au soleil. Quelque 5 000 ans plus tard, en 1839, le physicien français Edmond Becquerel vit la beauté de la lumière quand il découvrit que l'électricité pouvait être produite sans l'intervention de la chaleur, par la seule lumière du soleil. Jusque-là, le distinguo entre lumière et chaleur solaires avait trouvé une illustration symbolique dans l'hellénisme et l'art romain avec, par exemple, d'un côté, la lumière représentée par une couronne de rayons portée fréquemment par Hélios, le dieu soleil et par les empereurs romains et, de l'autre, la chaleur représentée, elle, par une auréole de lumière spirituelle émanant de la tête des saintes figures – « la lumière qui luit dans l'obscurité » – selon la révélation de saint Jean.

En 1876, W. G. Adams et R. G. Day observent l'effet photovoltaïque sur les solides, ou, en d'autres termes, la transformation de l'énergie lumineuse en énergie électrique. Puis, en 1883, un inventeur américain, Charles Fritts, fabrique les premières cellules solaires au sélénium sur une plaque de laiton de 30 centimètres carrés recouverte d'une pellicule d'or transparent. Ces premières piles au sélénium ne convertissaient en électricité qu'environ 0,1 à 0,2 % de la teneur énergétique de la lumière incidente et elles étaient trop chères pour être utilisées comme source d'énergie. C'est au début de l'année 1954 qu'une équipe de chercheurs des laboratoires Bell au New Jersey découvre que le système au silicium qu'ils sont en train de tester produit de l'électricité lorsqu'il est exposé à la lumière du soleil. Ils entreprennent alors la fabrication d'une pile au silicium qui transforme en électricité cinq ou six fois plus de lumière solaire incidente que les piles précédentes les plus performantes. À la fin des années 50, les chercheurs américains développeront des piles photovoltaïques expérimentales au silicium d'un rendement de conversion allant jusqu'à 14 %. Le silicium est le deuxième élément le plus abondant de l'écorce terrestre dont il constitue 28 %. Une caractéristique interprétée comme un bon présage qui laissait entrevoir que les piles photovoltaïques au silicium pourraient devenir une des principales sources d'électricité de l'avenir.

L'alimentation des vaisseaux spatiaux et la compétition que se livraient les États-Unis et l'Union soviétique pour la conquête de l'espace exigeant de l'énergie électrique, l'évolution des systèmes photovoltaïques s'accéléra et aboutit à la première application d'importance. Les systèmes photovoltaïques furent sélectionnés pour l'espace tant à cause de leur légèreté qu'en raison de leur capacité à produire de l'énergie sur de longues durées. En 1958, pour alimenter un transmetteur radio, on équipa le deuxième satellite américain *Vanguard I* d'un petit générateur photovoltaïque (avec photopiles au silicium cristallin). Ces cellules fonctionnèrent parfaitement et furent par la suite très largement utilisées pour les programmes spatiaux américains. Depuis, la plupart des satellites et des vaisseaux spatiaux habités en ont été équipés. Ce programme spatial permit d'améliorer le rendement des cellules et des tech-

4 - 205

***204-205.** Tout en méditant sur le formidable flux d'énergie cosmique représenté par l'auréole des mille mains de la déité bouddhiste Avalokiteshvara, ce lama, en route vers le monastère himalayen vieux de quatre siècles de Thikse, au Ladakh, utilise son yak pour transporter des panneaux photovoltaïques destinés au système solaire récemment installé dans le sanctuaire. Dans les monastères de l'Himalaya, comme dans les écoles et les hôpitaux en Inde, les bêtes de somme telles que le yak sont souvent employées pour transporter les systèmes photovoltaïques et éoliens.*

***206.** Symbole solaire indien du XVIIe siècle brodé au fil d'or, « le métal du soleil ».*

207

208

niques de fabrication, ce qui en fit chuter les coûts et facilita ainsi la production industrielle et la distribution commerciale pour des applications terrestres toujours plus variées.

La fabrication des cellules solaires est un processus complexe, reposant sur une technologie sophistiquée, et de nombreux pays en développement mettent actuellement en place des institutions de recherche spécialisées dans ce secteur. L'Inde, le Brésil et la Chine ont développé leur industrie photovoltaïque grâce aux subventions de l'État et fabriquent maintenant des galettes, des cellules et des modules. La Chine possède en effet sept chaînes de production d'une puissance totale de 4,5 mégawatts. Un certain nombre de pays incitent les entreprises locales à organiser des opérations conjointes avec les grandes compagnies européennes et nord-américaines. Le Mexique, le Maroc, Sri Lanka et le Zimbabwe sont déjà dotés d'industries locales qui assemblent des panneaux photovoltaïques. Au Kenya, en Tanzanie et en Zambie, l'industrie photovoltaïque locale se cantonne encore à l'installation de systèmes importés, mais, grâce à l'aide extérieure, elle devrait être rapidement capable de développer des compétences locales pour le montage.

L'électricité solaire reste pourtant encore trop chère pour être compétitive face à l'électricité du réseau conventionnel. Afin de répandre l'utilisation des systèmes photovoltaïques dans des régions où le réseau électrique est déjà implanté, la recherche tente activement de réduire le coût de fabrication des piles solaires tout en améliorant leur rendement de conversion. Une nouvelle technologie photovoltaïque a suscité le plus grand intérêt chez les scientifiques et s'est taillé la plus grande part du marché des photovoltaïques « non conventionnels ». Il s'agit de la photopile en couche mince. Un nouveau record mondial pour la photopile au silicium cristallin en couche mince ou ultra mince a été établi récemment par l'université australienne de NSW, dans son Centre pour le développement de méthodes et systèmes photovoltaïques de Sydney, en mettant au point la photopile la plus efficace, d'une épaisseur de 45 microns seulement (45 millièmes de millimètre) et d'un rendement de 21,5 %. Produites sur un substrat épais, (réduit ensuite à 47 microns), les couches minces réclament beaucoup moins de matière première que les cellules conventionnelles et peuvent être appliquées directement sur du verre ou des feuilles métalliques, ce qui en simplifie le processus de fabrication et produit des panneaux susceptibles d'être stockés et transportés aisément.

Ces dernières années, le silicium amorphe (c'est-

207. Pour la fabrication des piles solaires au silicium amorphe en couches minces, différentes méthodes de déposition sont actuellement à l'étude. Cette installation comporte quatre fours qui contrôlent le processus de déposition des divers types de matériaux semi-conducteurs avec lesquels sont faites les piles solaires. Elle est également utilisée pour fabriquer des piles en tandem composées de deux photopiles ou plus, empilées pour élever le rendement de conversion de l'énergie.

208. Des méthodes automatisées et informatisées de fabrication des matrices de piles ont maintenant remplacé les anciens processus de fabrication manuelle utilisés jusqu'en 1996. Dans ce procédé, les piles sont placées dans une gaine pour constituer une matrice de 72 piles.

209

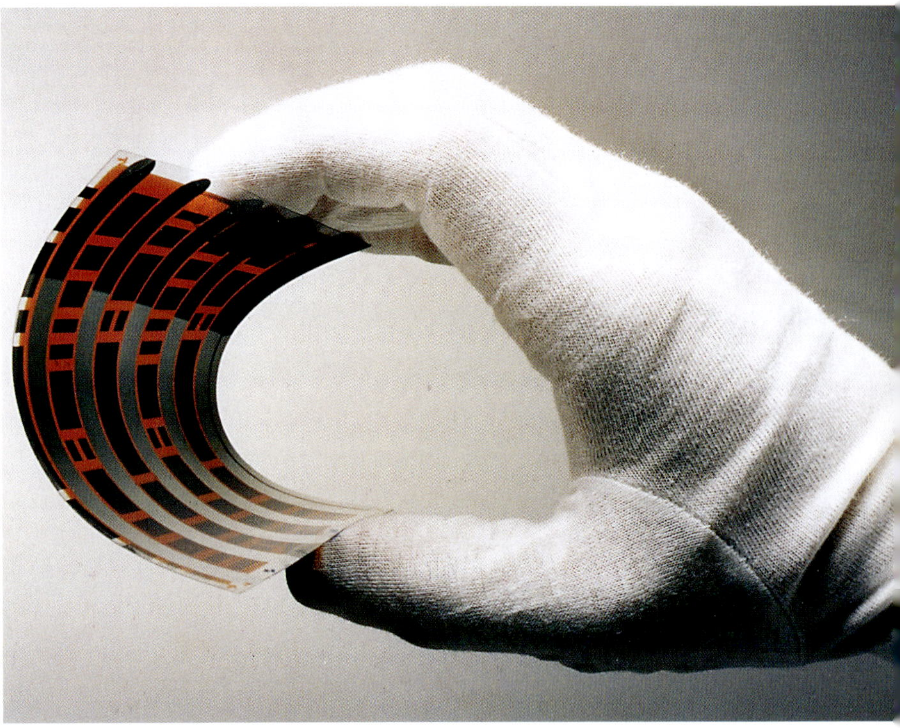

210

à-dire non cristallin) – autre matériau de fabrication des couches minces – a attiré l'attention des chercheurs. D'une composition semblable au sable siliceux courant, le silicium amorphe est bon marché et peut être fabriqué à basse température. Initialement fabriqués par les chercheurs américains David Carlson et Christopher Wronski au début des années 70, ces modules ont d'abord été exploités commercialement par les Japonais qui les ont intégrés à des produits électroniques de consommation la décennie suivante. En association avec la société japonaise Canon, Stanford Ovshinsky et sa compagnie Energy Conversion Devices Inc. (ECD), basée au Michigan, a considérablement affiné le procédé en dopant trois couches de silicium amorphe avec un produit chimique qui leur permet d'absorber les longueurs d'ondes spécifiques de la lumière solaire et, par conséquent, de capter davantage de rayons tout en réduisant la perte de rendement d'environ 10 %. Il prévoit la fabrication de panneaux montés sur des substrats faits de grandes feuilles d'acier inoxydable protégées par une couche de Tefzel (sorte de Téflon). À la différence du verre, lourd et fragile, les feuilles d'acier sont légères et souples.

En Europe également, on a vu s'accélérer la recherche technologique sur les cellules solaires au silicium amorphe. À l'université d'Utrecht, aux Pays-Bas, certaines ont été testées pour une éventuelle application sur des films flexibles. À Delft, des chercheurs de l'Université technique se sont investis dans la recherche fondamentale concernant les piles solaires organiques à pigments de dioxyde de titane, recherche essentiellement dérivée de l'invention de l'Institut fédéral suisse de technologie qui a mis au point une pile à base de teinture contenant du ruthénium et de l'oxyde de titane opérant d'une façon très semblable au processus de photosynthèse des plantes. À la différence des cellules solaires qui convertissent l'énergie solaire en électricité, dans cette pile électrochimique, les organismes capables de photosynthèse utilisent l'énergie solaire pour produire des hydrates de carbone à partir de l'eau et du dioxyde de carbone. Les scientifiques pensent que le coût de cette pile photovoltaïque nanocristalline représentera un cinquième du coût des piles actuelles, une estimation qui a incité deux grosses entreprises, Asea Brown Boveri et Sandoz, à collaborer avec l'Institut suisse.

Les chercheurs sont également intéressés par une autre approche : le développement de photopiles à très haut rendement à partir de matériaux comme l'arséniure de gallium dont le rendement a déjà atteint plus de 30 % en laboratoire. Ces photopiles pourraient

209. La technologie des piles solaires au silicium amorphe a été testée pour application sur des matériaux souples dans les installations de la compagnie Energy Conversion Devices Inc. à Troy, dans le Michigan. Un support souple peut remplacer les lourds substrats en verre sur lesquels les structures des piles solaires étaient originellement déposées.

210. Ici, un prototype opérationnel de photopile souple, développé à l'université d'Utrecht, aux Pays-Bas. Dans l'avenir, il sera possible de fabriquer des piles solaires souples à moindre coût et de les intégrer plus facilement à des produits de consommation ainsi qu'aux matériaux de construction tels que les toitures et éléments de couverture des façades.

211

être utilisées en conjonction avec des lentilles et des miroirs réflecteurs qui concentreraient les rayons du soleil, réduisant ainsi la quantité de matériaux semi-conducteurs nécessaires. Ces piles à concentrateur offrent des rendements de conversion énergétiques légèrement supérieurs à ceux des cellules photovoltaïques ne concentrant pas. En 1991, avec une cellule à multijonction sous lumière concentrée cent fois, Boeing a obtenu un rendement de conversion de 32,6 %, taux supérieur à celui de toutes les autres filières photovoltaïques. Comme les concentrateurs ne sont pas adaptés à l'utilisation de la lumière diffuse, ils ne sont rentables que dans les régions comme les déserts et les régions arides, où l'ensoleillement est intense et direct.

211. Toutes les maisons de la commune de Kalil, en Israël, sont équipées de systèmes solaires individuels, panneaux photovoltaïques et chauffe-eau solaires compris. Ce circuit mixte sur le toit d'une maison comprend le capteur solaire à eau placé au-dessous du panneau photovoltaïque pour absorber la chaleur du circuit et éviter ainsi une perte de rendement.

212

212. Comme dans l'espace, les systèmes photovoltaïques de génération d'électricité sont indispensables dans les régions isolées telles que l'Antarctique. Le programme New Zealand Antarctic utilise aussi l'énergie solaire pour alimenter des radios mobiles, des répétiteurs radio et d'autres instruments de recherche scientifique.

Le mode de vie photovoltaïque

En 1973, l'embargo sur le pétrole donne un nouvel essor à l'industrie photovoltaïque. Les agences gouvernementales chargées de l'énergie et de nombreuses entreprises privées investissent alors des milliards de dollars pour en favoriser le développement technologique. Le rendement des modules photovoltaïques commerciaux augmente ainsi de plus de 10 % en 1980 et leur prix chute considérablement. Depuis les années 80, l'application des piles solaires s'est généralisée dans les relais téléphoniques, les transmetteurs radio, les phares de lieux isolés, les bornes téléphoniques au bord des routes, et cela même quand les sources d'énergie conventionnelles sont accessibles. En Europe, des milliers de balises lumineuses et de phares équipés de lampes à photopiles ont été installés. En même temps que l'on automatise les barrages, qu'on les équipe d'instruments de mesure et de gestion intégrale de l'eau, on intègre également des systèmes photovoltaïques pour la commande de déversoirs. Les municipalités ont recours aux lampes à photopiles pour les travaux publics, les abribus, les panneaux d'affichage, les cabines téléphoniques routières, les signalisations aux carrefours, les parcmètres, et bien d'autres applications encore qui ne sont pas réservées aux seuls lieux isolés mais offrent également une bonne rentabilité dans les zones urbaines centrales.

Actuellement, plus de la moitié des photopiles fabriquées dans le monde sont intégrées à des produits de consommation qui ne requièrent que peu d'énergie : de l'ordre de quelques milliwatts à quelques watts. Dès la fin des années 80, les piles solaires japonaises ont été utilisées dans des millions de calculettes, de montres et de chargeurs de batterie. Les Japonais ont ainsi vendu au moins 150 millions de ces produits, ce qui représente une puissance totale de 4 mégawatts, soit 7 % du marché mondial des piles solaires.

13

Les équipements photovoltaïques sont également employés dans les régions rurales pour battre, sécher et ensiler les céréales. Des milliers d'abreuvoirs à travers l'Europe sont alimentés par des pompes fonctionnant sur piles photovoltaïques. Elles transportent l'eau du fossé d'irrigation à un abreuvoir équipé d'un système de contrôle le maintenant plein même par temps couvert. Les pompes à eau à piles solaires se sont également multipliées, particulièrement dans les pays en développement où l'on peut en voir des dizaines de milliers dans les régions les plus isolées. De nouvelles idées apparaissent pour améliorer la production et la conservation agricoles : dans l'île japonaise de Miyako, pour éradiquer les insectes de leurs champs, les agriculteurs ont substitué aux pesticides nocifs des systèmes d'extermination alimentés par piles solaires ; en Inde, les pêcheurs et les agriculteurs travaillant de nuit emploient des lanternes solaires connectées à une ou deux lampes fluorescentes dont les piles peuvent être chargées par un petit panneau photovoltaïque. Les génératrices à moteur diesel utilisées naguère par les agriculteurs pour le fonctionnement des appareils électriques font maintenant place à des système de génératrices photovoltaïques qui assu-

213. Des régions reculées, hors réseau, peuvent maintenant bénéficier d'une alimentation électrique autonome pour le travail ou les loisirs grâce à de nouveaux modules solaires comme celui-ci conçu par Siemens pour les téléviseurs, les radios et les réfrigérateurs standards.

214. Cette œuvre d'art photovoltaïque de Gliesdorf Styria, exposée dans une cour d'école, est faite de modules de 2,2 kilowatts.

215

216

217

218

219

220

22

215. Comme des millions de systèmes photovoltaïques miniaturisés utilisés dans les calculettes, les montres et autres matériels électroniques, l'équipement photovoltaïque de moyenne dimension est maintenant de plus en plus employé dans les équipements relatifs au transport, comme ce tableau d'affichage dans une agglomération isolée.

216-220. Une variété de lampes solaires et de lanternes mobiles de tailles et de modèles différents, alimentées au photovoltaïque, sont utilisées dans divers pays.

221. Une marchande, assise sous un réverbère au photovoltaïque, dans un hameau de la province de Mande, au Mali.

SUPER HD2
6 x 4 LITRES
FABRIQUÉ AU SÉNÉGAL

rent la recharge des batteries. Une station prototype de 40 kilowatts a d'ailleurs été mise en exploitation en Thaïlande, en 1995. Environ 500 foyers l'utilisent maintenant quotidiennement pour charger 75 batteries de voitures et d'autres appareils.

Les véhicules alimentés par l'énergie photovoltaïque restent pour l'instant une nouveauté, bien que la performance des voitures participant au World Solar Challenge se soit progressivement améliorée depuis 1987, date d'inauguration de cette course de 3 000 kilomètres entre Darwin et Adélaïde. En 1996, la New Dream de Honda atteignit une moyenne de 89,76 kilomètres à l'heure battant le record de 66,92 kilomètres à l'heure établi par la Sunraycer de General Motors lors de la première compétition.

La préoccupation grandissante des populations pour la protection de l'environnement a incité des instituts techniques et des industriels de l'automobile

222

222. En Inde, plusieurs industriels fabriquent maintenant des lanternes solaires dont les piles sont chargées au photovoltaïque. Ici, deux employés de la compagnie d'électronique de l'État méridional du Kerala partent sur un bateau éclairé par deux lampes solaires qu'ils vont porter à des pêcheurs s'adonnant habituellement à la pêche nocturne au large.

à travailler sur la fabrication de voitures électriques. Au Japon, à l'exposition automobile de Tokyo, tandis que Honda, Nissan et Mazda présentaient leurs modèles, le National Institute for Environmental Studies proposait, pour sa part, une voiture électrique, la Luciole. General Motors a produit la EV-I dont les batteries peuvent être chargées à l'énergie solaire. D'autres fabricants automobiles ont mis au point des voitures à faible taux de pollution propulsées par des moteurs mixtes à gaz et électricité comme la RAV4 EV de Toyota et la Peugeot 106. Peu encombrants, les systèmes photovoltaïques sont particulièrement commodes pour une variété de bateaux à propulsion électrique. Le voyage de cent vingt jours de Kenichi Horie, qui parcourut 16 000 kilomètres de l'Équateur au Japon dans un bateau fait de 22 000 boîtes de conserves recyclées et alimenté en énergie photovoltaïque n'est pas seule-

223

223. Aux États-Unis, en Europe et au Japon, des milliers de bouées et de balises ont été équipées de systèmes photovoltaïques chargeant les batteries d'alimentation des lampes.

224

225

ment une éclatante démonstration de son courage, mais aussi la preuve indéniable des capacités importantes de son bateau propulsé à l'énergie solaire, le *Malt's Mermaid*. Cette démonstration n'est pas sans rappeler celle de Thor Heyerdahl dont le voyage à bord du *Kon-Tiki* laissa sans voix ceux qui doutaient de la puissance de l'énergie du vent.

La manière anarchique dont avaient été montés, durant la dernière décennie, quelque 200 000 panneaux photovoltaïques sur les toits des habitations du Mexique, d'Indonésie, d'Afrique du Sud, du Sri Lanka et d'autres pays en développement ayant provoqué des soucis d'ordre esthétique, les gouvernements et les organisations non gouvernementales s'attachent maintenant à intégrer harmonieusement les plans des maisons et des immeubles commerciaux au contexte local. C'est l'origine d'une nouvelle tendance dont on peut voir le résultat sur des milliers de bâtiments d'habitation du monde entier. Un nouveau mouvement architectural a émergé qui a donné naissance à des organisations similaires en Chine, au Honduras, en Indonésie, au Sri Lanka, au Zimbabwe et ailleurs.

Dans le monde entier, on cherche sans cesse à développer des produits photovoltaïques à la fois esthétiquement adaptés aux réalisations architecturales et respectueux de l'environnement. L'impulsion est venue en partie de l'organisation *Global Environment Facility* (GEF), une fondation placée sous la gestion conjointe de la Banque mondiale et des Programmes pour le développement et pour l'environnement des Nations unies. Elle a pour vocation le financement de programmes qui, bien qu'encore non rentables économiquement *stricto sensu*, seront à long terme bénéfiques à l'environnement de la planète en réduisant les émissions de dioxyde de carbone et d'autres polluants atmosphériques. Le GEF a octroyé au Zimbabwe une subvention de 7 millions de dollars, approuvée en 1992, qui financera une dotation renouvelable destinée à l'électrification de 20 000 foyers en cinq ans. En Inde, un prêt de 42 millions de dollars accordé par la Banque mondiale et une subvention du GEF vont financer un programme de développement de systèmes photovoltaïques incluant des lanternes solaires d'une puissance globale de 2,5 mégawatts. Des prêts et des subventions similaires ont été mis à la disposition de la Chine, de l'Indonésie, du Sri Lanka, des Philippines et d'autres pays en développement pour dynamiser les industries photovoltaïques naissantes qui pourraient contribuer à créer des opportunités économiques et des emplois dans les régions rurales. Au Zimbabwe,

224-225. La grande portée de la puissance de l'énergie solaire ainsi que ses avantages écologiques ont été démontrés par le Japonais Kenichi Horie, qui, en 1996, a parcouru les 16 000 kilomètres séparant l'Équateur du Japon dans une embarcation alimentée au photovoltaïque, le **Malt's Mermaid***, faite de 22 000 boîtes de conserves recyclées.*

226

227

228

229

226. Les systèmes photovoltaïques sont de plus en plus utilisés pour les écluses automatisées, notamment dans les pays du Bénélux et de la Méditerranée. Les systèmes fournissent aussi du courant pour les signalisations et l'éclairage nocturne des stations.

227. Les bateaux à propulsion électrique qui utilisent des batteries chargées par des panneaux photovoltaïques se sont répandus non seulement parce qu'ils libèrent leurs utilisateurs de la dépendance des stations de carburant, mais aussi parce qu'ils sont silencieux et peuvent pénétrer dans les zones protégées où les bateaux à essence sont interdits.

228. Bac hollandais emprunté par des cyclistes entre les villages de Suwald et de Garyp.

229. Moteur auxiliaire photovoltaïque sur un bateau au large de Boston, aux États-Unis.

230

231

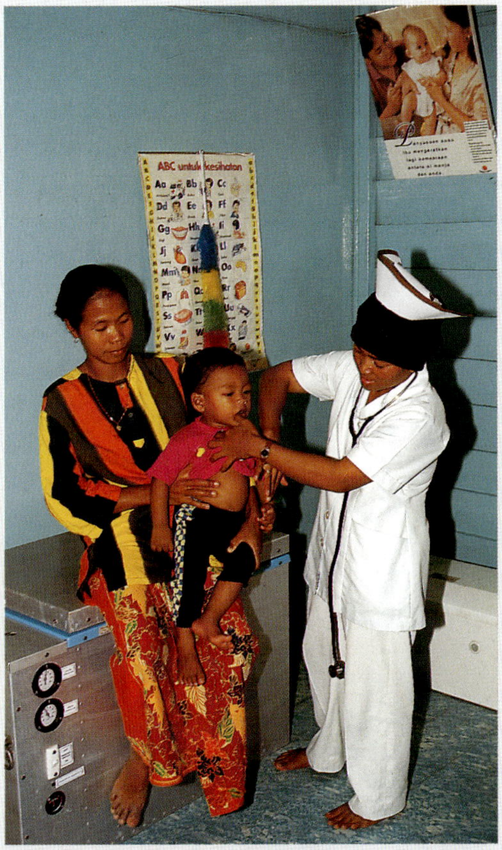

232

233

234

Piamanggil, une île isolée au large de la côte est de la Malaisie, en mer de Chine méridionale, a repris vie quand un circuit photovoltaïque de 10 kilowatts y a été installé par Siemens. Depuis, ses quelque trois cents habitants ont été mis en contact avec le monde extérieur grâce à un système de télécommunications solaire. La plupart des habitations sont dotées d'éclairage solaire, quelques-unes possèdent des ventilateurs, et le centre communautaire possède un téléviseur. L'électricité est également un grand avantage pour la clinique et l'école où les enfants peuvent se rendre de jour comme de nuit. Quelques pêcheurs hardis ont même ouvert des gîtes et des points de restauration pour les touristes qui commencent à arriver sur l'île en grand nombre.

235

236

237

238

230. Ménagères regardant la télévision au centre communautaire. 231. Femmes préparant le repas du soir à la lumière d'une lampe solaire. 232. Infirmière examinant un enfant à la clinique pendant que sa mère attend, assise sur un réfrigérateur solaire. 233. Touristes arrivant de Singapour. 234. Pêcheurs réparant leurs filets au-dessous d'un réverbère solaire avant d'embarquer sur leur voilier pour une pêche nocturne. 235. Vue de l'île et de l'antenne photovoltaïque de télécommunications. 236. La jetée de Piamanggil avec ses réverbères photovoltaïques. 237. Enfants jouant avec des noix de coco sous un lampadaire photovoltaïque. 238. Pêcheurs consommant des hamburgers au « snack-bar » qui vient d'ouvrir.

par exemple, l'aide finance six petites compagnies de matériel photovoltaïque et une entreprise plus importante qui importe et assemble les cellules pour en faire des panneaux commercialisables.

239

Pour les toitures, le *Centre for Photovoltaic Devices and Systems* de l'université de New South Wales (Australie), a développé une tuile solaire à « concentrateur statique » qui intègre des piles solaires réagissant recto-verso à la lumière incidente. Le concept fonctionne sur un concentrateur tridimensionnel, ce qui permet d'intégrer le module aux structures des couvertures standards. L'objectif étant que des systèmes photovoltaïques esthétiques et rentables deviennent un élément normal des constructions résidentielles et des bâtiments commerciaux. Une compagnie californienne travaille en collaboration avec les services publics pour commercialiser des tuiles solaires plus proches des tuiles de couverture traditionnelles, des modules bleus pour toitures ainsi que des prototypes de panneaux solaires directement intégrables aux éléments d'étanchéité en caoutchouc ou en plastique de la couverture des immeubles à toit en terrasse. Certaines compagnies ne se cantonnent pas au développement de nouvelles générations de toitures solaires mais intègrent aussi des piles solaires au revêtement extérieur des bâtiments tertiaires. Ces façades photovoltaïques sont constituées de panneaux dont les plus grands font 1,20 mètre sur 1,50 mètre. Leur prix est grosso modo identique à celui des autres revêtements de qualité comme le granite.

À Mataró (Espagne), la bibliothèque Pompeu Fabra est équipée d'un circuit photovoltaïque et thermique relié au réseau. Sa façade, qui vient d'être terminée, est entièrement faite de panneaux multifonctions de 1,20 mètre sur 1,50 mètre dont le coût est approximativement celui d'un mur transparent. Le bâtiment, rectangulaire, est orienté au sud et une semi-transparence de 15 % est obtenue grâce à des fentes horizontales de deux centimètres pratiquées longitudinalement sur l'ensemble des 225 mètres carrés de cette façade photovoltaïque. Quatre rangées

240

241

239. En Europe, bon nombre de murs antibruit sont maintenant recouverts de panneaux photovoltaïques connectés au réseau lorsqu'ils sont exposés au sud. Ici, un système solaire de 100 kilowatts installé sur une autoroute suisse près de Coire.

240. Les systèmes photovoltaïques sont parfaitement appropriés pour fournir une électricité économique aux installations publiques qui ne nécessitent que peu d'énergie, comme cette station d'autobus.

241. Ce panneau de signalisation amovible « danger » est encore un exemple des multiples applications possibles des systèmes photovoltaïques, là où l'électricité du réseau est accessible.

242

de châssis vitrés inclinés permettent à la lumière diffuse d'entrer côté nord et quelques-uns des modules du toit sont également faits de silicium amorphe semi-transparent. Ce concept architectural multifonctions dont l'excédent d'énergie sera vendu au réseau par la bibliothèque a été proposé pour la première fois en 1991 par le Dr. Antoni Lloret au programme de la Communauté européenne Thermie et a été réalisé par la compagnie catalane TFM avec l'assistance de ZSW de Stuttgart et de l'université de Barcelone. Les chercheurs de l'université John Hopkins travaillent également sur des films monocristallins dont non seulement le coût de production semble moins élevé que celui des cellules polycristallines, mais qui présentent en outre l'avantage de pouvoir être rendus transparents et donc parfaitement appropriés à la fabrication de toute une gamme de matériaux de construction solaires comme les fenêtres.

L'installation de petits générateurs photovoltaïques sur les toits des constructions résidentielles et commerciales est maintenant une pratique courante dans les régions déjà reliées au réseau de certains pays pour couvrir partiellement ou intégralement les besoins des immeubles en électricité. Pendant les périodes où le générateur solaire produit plus d'énergie que ses usagers n'en consomment, l'excédent de courant peut être transféré au réseau ou accumulé sur place dans des batteries. En revanche, lorsque le générateur ne produit que peu ou pas de courant, les usagers peuvent tirer soit sur le réseau, soit sur leur propre système d'accumulation. Cet arrangement serait intéressant pour les propriétaires immobiliers auxquels on payerait l'électricité excédentaire. Les services publics en tireraient, eux aussi, un substantiel profit en s'épargnant des investissements pour la construction de nouvelles centrales destinées à satisfaire les pointes de consommation. En outre, à la différence des centrales électriques qui exigent des surfaces importantes, les circuits photovoltaïques répartis sur les

242. En prévision de la propagation des véhicules électriques, on construit des parkings couverts – comme celui-ci, en Californie – au toit équipé de photovoltaïque, où les conducteurs peuvent garer et recharger les batteries de leur voiture électrique pendant qu'ils vont faire leurs courses.

toits n'ont besoin d'aucun espace autre que celui qu'occupent déjà les bâtiments. En dépit de la capacité de production probablement limitée d'un système de toit typique – quelques kilowatts seulement – de grandes quantités d'électricité pourraient être générées si ces systèmes étaient installés systématiquement dans les villes de régions ensoleillées.

Les installations photovoltaïques collectives se sont avérées très intéressantes dans les régions isolées et les petites îles. La communauté de pêcheurs de Piamanggil, au large des côtes de la Malaisie, est un cas significatif. On a, en effet, vu émerger là un style de vie radicalement nouveau depuis qu'un système photovoltaïque de 10 kilowatts y a été installé, il y a environ cinq ans, par la compagnie électronique allemande Siemens. Depuis, cette communauté de mer de Chine méridionale dont les quelque trois cents habitants vivaient dans un isolement total a été mise en contact avec le monde extérieur grâce à la radio et à la télévision. On compte maintenant deux ou trois lampes par maison, sans oublier l'avantage immense que représente l'électricité pour l'école et la clinique. Le projet a été lancé par une entreprise privée ne bénéficiant que d'une assistance très limitée du gouvernement et des institutions d'aide spécialisées.

Dans les pays industrialisés, des régions reculées hors réseau peuvent jouir, elles aussi, des avantages des systèmes photovoltaïques, comme c'est le cas en Espagne, pour le district catalan de la Garrotxa où un grand nombre d'habitations disséminées les long des vallées et des montagnes sont dépourvues du plus élémentaire confort que sont l'électricité et le téléphone. Dans le contexte du programme européen Thermie, les autorités locales ont lancé un projet d'électrification très rentable dans la région, où 65 sites ont été choisis pour l'implantation des systèmes photovoltaïques autonomes du projet, réalisé en coopération avec une association d'usagers. Ces derniers, devenus responsables du fonctionnement, du contrôle et de l'entretien des installations, ont appris à utiliser les appareils et à gérer leur consommation. La cotisation mensuelle que versent les

243

243. L'utilisation à grande échelle des systèmes photovoltaïques est inévitable dans les lieux publics. Ici un abribus éclairé au photovoltaïque affiche les horaires de circulation de l'autobus (à droite) et les remet automatiquement à jour.

244

245

246

membres de l'association suffit à pourvoir au coût de la maintenance.

Même dans les régions européennes très peuplées reliées au réseau, des incitations fiscales, de faibles taux d'intérêt et des réductions de prix ont incité les propriétaires d'immeubles à adopter les systèmes photovoltaïques. Lancé en Allemagne en 1990, le programme des Mille Toits s'est déployé depuis jusqu'à en inclure 2 500. La Suisse projette l'installation d'un système photovoltaïque au moins dans chacun de ses 3 029 villages pour la fin de la décennie. Les Pays-Bas prévoient la pose de systèmes photovoltaïques d'une puissance de 250 mégawatts pour l'année 2010. En Norvège, déjà 50 000 maisons

244. Il est impossible à l'électricité du réseau de parvenir jusqu'aux vastes étendues isolées de l'Australie où la seule alternative est d'installer des cabines téléphoniques alimentées au photovoltaïque.

245. Les systèmes photovoltaïques portables à usage professionnel et récréatif sont de plus en plus répandus dans le monde, comme les modules solaires qu'utilise ce touriste dans l'isolement de l'île magique des Galápagos.

246. La lumière de ce piège à insectes alimenté au photovoltaïque s'allume automatiquement après le coucher du soleil et s'éteint trois heures et demie plus tard. Il attire les insectes qui viennent se heurter à la grille métallique et tombent dans le réceptacle au-dessous. Des centaines de pièges de ce type ont été posés dans l'île japonaise de Miyako où les agriculteurs les préfèrent aux insecticides toxiques.

247

248

sont alimentées en énergie par des systèmes de cette nature et, chaque année, 8 000 maisons supplémentaires adoptent les mêmes équipements. L'Autriche, la Suisse, l'Espagne et le Danemark mettent au point leurs propres programmes d'incitation. Dans le même temps, le Japon a élaboré une stratégie visant à équiper les bâtiments de 62 000 systèmes d'une puissance totale de 185 mégawatts pour la fin des années 90. Les pointes de consommation étant très largement consécutives au fonctionnement de la climatisation les jours d'ensoleillement, les compagnies japonaises se concentrent particulièrement sur le développement d'unités de climatisation assistées par système solaire. Au départ, une subvention gouvernementale couvrait la moitié du coût de ces systèmes. Réduite de 30 % en 1997, cette subvention va ensuite s'éteindre progressivement.

À en juger d'après les projets de la Enron Corporation qui envisage de construire dans le désert du sud Névada une centrale de 150 millions de dollars (ce serait la plus importante des États-Unis), il est indéniable que l'énergie photovoltaïque peut, dès maintenant, être considérée comme concurrentielle de celle générée par le pétrole, le gaz ou le charbon. La taille de cette centrale de 100 mégawatts devrait être douze fois supérieure à celle de toute autre centrale équipée de piles solaires ou photovoltaïques. La compagnie a déjà obtenu le soutien préliminaire du département ministériel de l'Énergie américain qui prévoit d'acheter la production hélio-électrique d'Enron tant que ses tarifs seront compétitifs face aux sources d'énergie conventionnelles. La centrale, dont la mise en exploitation est prévue pour l'an 2000, devrait produire suffisamment d'électricité pour une ville de 100 000 habitants. Pendant la dernière décennie, le coût de génération de l'hélio-électricité a baissé de deux tiers. L'Institut Worldwatch, un groupe environnementaliste de Washington, déclarait récemment que le prix de l'électricité générée par piles solaires – qui n'est actuellement que de 20 cents le kilowattheure – pourrait tomber à 10 cents en l'an 2000, puis à quatre en 2020.

249

Le district catalan de la Garrotxa, en Espagne, fait partie des 65 sites choisis par le programme européen Thermie pour l'installation de systèmes photovoltaïques autonomes. Une association d'usagers est maintenant responsable du fonctionnement, de la gestion et de la maintenance des stations. 247. Vue de la vallée de la Garrotxa. 248. Maison d'agriculteur au toit couvert d'un panneau photovoltaïque. 249. Enfants déjeunant au centre communautaire de la Garrotxa.

250-251. La bibliothèque Pompeu Fabra de Mataró, à Barcelone est un concept architectural multifonctions intégrant des modules photovoltaïques semi-transparents (reliés au réseau) d'une puissance thermique et électrique de 53 kilowatts. La façade du bâtiment est faite de cellules polycristallines et les panneaux photovoltaïques de la toiture sont composés de cellules encapsulées dans des modules opaques et semi-transparents. Les châssis inclinés permettent à la lumière d'éclairer l'intérieur.

250

251

oxygen
hydrogen
H
2
O
no emission
Fuel Cell Electric Car
energy
S BZ 1996

L'énergie cosmique de l'hydrogène

L'hydrogène est le plus léger et le plus répandu des éléments chimiques. Quand on le combine avec de l'oxygène pour produire de la chaleur ou de l'électricité, son sous-produit principal est l'eau. On peut l'obtenir par électrolyse de l'eau à partir de l'énergie solaire propre – électricité générée par les panneaux photovoltaïques, les turbines hydrauliques, les aérogénérateurs, les installations marémotrices ou utilisant l'énergie des vagues. L'idée de base étant de collecter, pendant l'été, suffisamment d'électricité solaire qu'on utilisera pour obtenir de l'hydrogène – par décomposition électrolytique de l'eau en électrolyseur pressurisé – hydrogène que l'on stockera ensuite en citerne également pressurisée. Durant l'hiver, il pourra être reconverti en électricité par une pile à combustible tandis que l'eau produite dans la pile sera renvoyée vers l'électrolyseur, bouclant ainsi le cycle. Des perspectives d'avenir très favorables s'ouvrent donc pour l'utilisation de l'hydrogène en tant que source d'énergie non polluante.

L'emploi de l'hydrogène comme carburant pour les véhicules figure parmi ces perspectives. C'est une application qui permettrait en effet à l'environnement d'échapper à la menace d'asphyxie par la pollution. C'est ce qu'a démontré le prototype Necar II testé récemment à Berlin par Daimler-Benz. L'idée d'utiliser l'hydrogène comme carburant remonte à 1807 lorsqu'un certain Isaac de Rivas breveta, à Paris, un véhicule propulsé par ce gaz. Les soupapes et l'allumage du moteur étaient actionnés à la main, et les problèmes de réglage d'allumage se révélèrent difficiles à surmonter. Necar II a aussi ses faiblesses car les piles à combustible qui produisent l'hydrogène sont encombrantes et chères et beaucoup reste à faire avant que la voiture puisse être fabriquée en série. Mais sa faisabilité a déjà été démontrée puisqu'elle est alimentée par une combinaison chimique d'hydrogène et d'oxygène produite par 300 piles à combustible qui génèrent le courant du véhicule, son seul gaz d'échappement étant la vapeur d'eau. Avec son moteur électrique placé à l'avant, ce véhicule a une transmission automatique à deux vitesses et peut atteindre les 100 kilomètres à l'heure. Si tout va bien, les voitures à hydrogène pourraient être opérationnelles aux environs de 2005.

Aux États-Unis, le département ministériel de l'Énergie et Arthur D. Little Inc. ont récemment annoncé avoir mis au point une nouvelle application de la pile à combustible qui permettrait de produire de l'électricité à partir de l'essence en déployant deux fois plus d'énergie utilisable par gallon que les voitures actuelles, tout en réduisant la pollution de 90 %. La pile à combustible qui rendra cette voiture suffisamment pratique et économique à fabriquer et à commercialiser pourrait alors devenir rentable pour l'utilisation de l'énergie solaire à une échelle beaucoup plus vaste. La pile à combustible est un générateur d'électricité électrochimique dont le courant continu est obtenu par alimentation directe de la pile avec le couple combustible/comburant, oxydation, puis extraction des produits de réaction. Sir William Grove construisit, en 1839, une pile semblable pour produire de l'électricité avec de l'hydrogène et de l'oxygène en

252. Garé devant le phaéton d'Hélios à la porte de Brandebourg à Berlin, ce prototype de voiture à hydrogène a été récemment testé par Daimler-Benz. Necar II est alimenté par un mélange chimique d'hydrogène et d'oxygène produit par 300 plaquettes de piles à combustible qui génèrent l'électricité nécessaire à son fonctionnement. Son unique gaz d'échappement est la vapeur d'eau. Il a une boîte automatique à 2 vitesses et le moteur est placé à l'avant du véhicule qui peut atteindre une vitesse de 100 kilomètres à l'heure.

253. Symbole solaire français à face léonine.

255

256

réaction sur des électrodes en platine. Durant la Seconde Guerre mondiale, le besoin en générateurs électriques portables et silencieux destinés à l'alimentation des équipements électroniques suscita un regain d'intérêt pour la recherche sur les piles à combustible qui fut relancée par la suite pour les programmes spatiaux. Le développement de la pile à combustible hydrogène-oxygène pour les vols spatiaux habités en est l'aboutissement, au même titre que son utilisation pour la conversion de l'hydrogène en électricité par l'énergie solaire avec un rendement atteignant 65 %.

La vision romantique des années 50 qui envisageait la fission de l'atome comme la réponse à tous nos besoins d'énergie s'est rapidement estompée, non seulement en raison du manque de rentabilité de la production d'énergie nucléaire mais surtout par crainte des accidents et des problèmes posés par le stockage des déchets. Actuellement, certains scientifiques mettent donc leurs espoirs dans le développement de la fusion nucléaire (alternative de la fission) comme source d'énergie économiquement concurrentielle et sans risques pour l'environnement.

Le deutérium est le carburant de base utilisé dans les programmes de recherche sur la fusion que financent les gouvernements d'Europe et des États-Unis (le projet Tokamak de l'université de Princeton et le projet européen commun Joint European Taurus [JET]). Il s'agit d'un isotope de l'hydrogène que l'on peut extraire de l'eau. L'énergie se dégage lorsque les atomes légers d'hydrogène fusionnent pour en former de plus lourds comme l'hélium. Le deutérium ne produit, heureusement, aucun des gaz associés à d'autres formes de production d'énergie responsables de l'effet de serre ou des émissions qui tombent sous forme de pluies acides sur les forêts. Néanmoins, il est probable qu'une centrale à fusion nucléaire totalement opérationnelle ne serait productive qu'à partir de la moitié du siècle prochain, au moment où la demande en énergie de la planète aura doublé (selon les estimations) et où les réserves de combustibles fossiles seront pratiquement épuisées. Autre écueil : même dans ces centrales nucléaires à fusion, comparativement sans danger, le deutérium doit être mélangé à du tritium, un isotope radioactif de l'hydrogène. Ainsi, les chercheurs pourraient bien se retrouver face à un système hybride comportant des risques de contamination radioactive.

Mais l'hydrogène sous sa forme pure est une toute autre affaire. Ce n'est pas une source d'énergie en soi comme le pétrole ou le charbon, mais plutôt, comme l'électricité, un vecteur d'énergie « propre » qui, grâce à l'hélio-technologie, peut être stocké et converti en diverses formes d'énergie. Jusqu'ici, l'hydrogène n'a été exploité que pour la fabrication de carburants de haute technologie pour les fusées et pour les réactions chimiques, dans l'hydrogénation.

4

254. À l'université de Princeton (New Jersey), les chercheurs rééquipent un réacteur à fusion en forme de beignet appelé Tokamak. Grâce à de puissants aimants qui retiennent un anneau de gaz à très haute température, le Tokamak chauffe les noyaux des isotopes d'hydrogène extraits de l'eau jusqu'à ce qu'ils fusionnent en relâchant de l'énergie – non sans risques radioactifs.

255-256. Les techniciens qui travaillent sur Necar II essaient d'améliorer la pile à combustible afin de rendre la voiture suffisamment pratique et économique pour qu'elle soit commercialisée. La pile à combustible est un producteur électrochimique d'électricité dont le fonctionnement continu est obtenu par l'alimentation de la pile en carburant et en oxydant et par extraction des produits de la réaction.

En technologie conventionnelle, il intervient dans le processus de raffinage du pétrole, dans les carburants de synthèse, dans l'industrie électronique, dans l'industrie alimentaire, pour les ballons météorologiques, etc. Il n'est pourtant pas associé actuellement aux applications directes de l'énergie, bien que la logique d'une évolution dans ce sens ait été suggérée depuis plus d'un siècle : autour de 1870, Jules Verne décrivait, en effet, l'hydrogène comme un bon substitut au charbon.

Aujourd'hui, la pétrochimie est à la base d'une variété de produits utilisés dans pratiquement tous les secteurs : des engrais jusqu'aux fluides de nettoyage et aux textiles. Ces matériaux, à base de carbone, sont des dérivés de divers sous-produits du pétrole qui sortent en quantités énormes des raffineries du monde. Si l'on

257

258

259

260

257. Jusqu'à ce que la commercialisation de la voiture à hydrogène devienne possible, la seule alternative pour préserver l'environnement est l'utilisation de voitures électriques dont les batteries peuvent être rechargées à l'énergie solaire ou à l'énergie éolienne fournie, ici, par les turbines éoliennes de la Punta de Tarifa en Espagne.

258. Les voitures prenant part au World Solar Challenge ont progressivement amélioré leurs performances depuis 1987.

259. Les voitures et les scooters électriques ont déjà fait leur apparition sur les routes françaises comme ici, à Strasbourg.

260. En 1996, la New Dream de Honda atteignait une vitesse moyenne de 89,76 kilomètres à l'heure et parvenait à battre le record de 66,92 kilomètres à l'heure détenu jusque là par la Sunraycer de General Motors lors de la première course.

cessait de consommer du pétrole, le gaz naturel pourrait être transformé en hydrogène et en carbone. On exploiterait ce dernier pour élaborer des produits utiles plutôt que de le laisser s'échapper dans l'atmosphère. En le tirant de cultures sélectionnées, à courte rotation, on pourrait, à long terme, s'en servir, par exemple, pour fabriquer des produits pétrochimiques. Cela constituerait une utilisation des terres cultivables infiniment plus rentable que leur simple exploitation comme source de combustible. Les chercheurs américains ont également envisagé l'extraction d'hydrogène à partir de millet que l'on planterait sur des terres agricoles à faible rendement car il est devenu possible de convertir la biomasse en hydrogène, avec un rendement globalement supérieur à celui que l'on obtient par sa conversion en combustibles liquides comme le

261

262

263

264

261. Plusieurs constructeurs automobiles présentent des véhicules électriques. General Motors a lancé la EV-1 tandis que d'autres constructeurs ont mis au point des voitures à faible taux de pollution équipées de moteurs mixtes alimentés au gaz et à l'électricité comme, par exemple, la RAV4 EV de Toyota et la Peugeot 106.

262. Lors de la course American Tour de Sol de 1996, le véhicule électrique Solectrica a atteint un record de 603 kilomètres d'autonomie avec une seule charge.

263. Conformément à leur cursus interdisciplinaire, les étudiants du lycée Roosevelt de Ka'ahele à Honolulu, Hawaii, travaillent sur un véhicule alimenté au photovoltaïque.

264. Des considérations écologiques interdisent l'accès de tout véhicule à la plupart des clubs de golf à l'exception des voitures électriques comme celles-ci.

méthanol ou l'éthanol. Ainsi, à l'hydrogène produit par l'énergie du soleil et du vent viendrait s'ajouter, en complément, l'hydrogène dérivé de la biomasse.

L'hydrogène peut être stocké et transporté sur de longues distances. Or, les réserves de gaz naturel s'épuisant, l'hydrogène paraît être le combustible le plus approprié pour assurer la relève puisqu'il est aussi le plus simple des combustibles chimiques. On peut le faire circuler dans les gazoducs déjà installés puis le convertir en électricité avec des piles à combustible. Cette méthode serait plus rentable que les systèmes de distribution de pétrole ou d'électricité actuels. Les lignes électriques, par exemple, sont onéreuses à la construction et, sur une distance de 1 000 kilomètres, souffrent d'une déperdition énergétique de 3 à 5 %. Aux premiers stades de la transition vers l'usage de l'hydrogène comme source d'énergie, on pourrait l'adjoindre au gaz naturel dans les gazoducs, dans des concentrations allant jusqu'à 15 % pour former un mélange connu sous le nom d'hythane. À long terme, l'adaptation des gazoducs au transport d'hydrogène ne devrait pas présenter de grandes difficultés. On pourrait, en outre, le tirer du gaz naturel, soit dans des centrales, soit directement dans les stations service.

En Israël, à l'institut Weizmann, on travaille sur des méthodes permettant d'utiliser l'énergie solaire sous une forme chimique. Jusqu'à maintenant, le concept le plus courant est le « caloduc chimique », basé sur la réaction inversée dans laquelle le méthane est converti en hydrogène et en monoxyde de carbone. La réaction se fait dans un four solaire en faisant passer du méthane et de la vapeur (ou du dioxyde de carbone) à travers un lit catalytique chauffé de 800 à 1 000 degrés. Les produits gazeux de la réaction sont refroidis, stockés sous haute pression et transportés vers leur point de distribution. L'énergie solaire accumulée est relâchée dans un réacteur de méthanisation qui exploite la réaction hydrogène-monoxyde de carbone pour recomposer du méthane, d'où production simultanée de hautes températures utilisées pour obtenir de la vapeur, de l'électricité ou les deux. Le méthane est renvoyé sur le site solaire, complétant ainsi le cycle.

Ce n'est pas le seul mode de distribution de l'hydrogène envisageable : il suffirait, en effet, par des

265

265. À l'institut Weizmann, en Israël, les chercheurs travaillent sur des méthodes de conversion du méthane en hydrogène. Au Japon, à l'université d'Osaka, on a adopté une autre approche avec des expériences visant à produire de l'hydrogène à partir d'algues vertes et de microbactéries capables de photosynthèse.

méthodes chimiques, de le transformer en liquide facile à transporter, puis, à destination, de le convertir en électricité. En implantant des photopiles sur le toit des maisons individuelles et des bâtiments tertiaires, on pourrait parallèlement produire un surplus d'hydrogène qui serait stocké dans des réservoirs en sous-sol pour utilisation ultérieure, ou envoyé vers le réseau local de distribution. Dans les deux cas, il viendrait graduellement prendre le rôle que jouent aujourd'hui le pétrole et le gaz naturel : chauffage de l'eau et des bâtiments, combustible de cuisson, chauffage industriel et transport. De vastes fermes éoliennes et solaires, installées dans des régions du monde ensoleillées et ventées, pourraient en produire aussi tout en générant de l'électricité pour alimenter le réseau lorsque la demande d'énergie est forte et, alternativement, produire de l'hydrogène quand ce n'est pas le cas.

La pile à combustible pourrait bien, effectivement, devenir un jour la puce au silicium de l'économie de l'hydrogène. Elle constituerait l'équipement standard de l'industrie, et les bâtiments utiliseraient des piles à combustibles réversibles, capables de produire de l'hydrogène à partir de l'électricité et vice-versa. La maison solaire autonome construite en 1992 à Fribourg, en Allemagne, par l'institut Fraunhofer pour les Systèmes d'énergie solaire en est un parfait exemple. Non reliée au réseau, cette maison est intégralement alimentée par l'énergie solaire qui couvre l'ensemble de ses besoins énergétiques. En été, le surplus d'énergie du générateur photovoltaïque est envoyé dans un électrolyseur pour décomposer l'eau ; l'oxygène et l'hydrogène produits sont stockés dans des réservoirs pressurisés. L'hydrogène est utilisé ensuite dans des piles à combustible pour générer de l'électricité et également, par combustion catalytique, converti en chaleur pour la cuisine et le chauffage d'ambiance. Une nouvelle méthode « d'isolation transparente » conserve la chaleur passive et un capteur solaire efficace couvre 90 % des besoins en eau chaude domestique tandis que les 10 % restants sont fournis par la chaleur résiduelle dégagée par la pile. Dans l'avenir, ces nouvelles technologies solaires permettront la construction de bâtiments quasiment autonomes en matière d'énergie.

266

266. En Allemagne, dans la maison solaire de Fribourg, totalement autonome quant à sa consommation d'énergie, les excédents énergétiques produits par le générateur photovoltaïque en été sont envoyés dans un électrolyseur pour décomposer l'eau. L'hydrogène et l'oxygène produits par cette électrolyse sont stockés dans des citernes pressurisées (au premier plan). L'hydrogène est ensuite utilisé dans une pile à combustible pour produire de l'électricité et également converti en chaleur pour la cuisson des aliments et le chauffage des locaux (par combustion catalytique).

Atlantis
U.S.

La transmission spatiale de l'énergie solaire

La vision antique selon laquelle la Terre et le Ciel s'unirent dans la divine unité des opposés a pris une toute nouvelle dimension lorsque l'on a imaginé de convertir dans l'espace l'énergie solaire pour la transmettre sur terre par satellite hélio-électrique et par radiotransmission. Ces idées furent conçues par Hertz (1875-1894) et la radiotransmission de l'énergie fut expérimentée pour la première fois en 1888. Tesla (1856-1943) tenta, en vain, d'en faire la démonstration à l'échelle mondiale sur une haute tour de Long Island, New York, en 1908. La recherche sur la radiotransmission de l'énergie ne put se poursuivre qu'à partir du moment où l'on développa, dans les années 50, des générateurs de micro-ondes semblables à celles qui sont maintenant utilisées dans plus de 250 millions de fours dans le monde.

Ce n'est que dans les années 60, quand furent développés les redresseurs de micro-ondes capables de convertir ces dernières avec un bon rendement, que l'on parvint, en 1964, à faire une démonstration réussie de la radiotransmission de l'énergie en propulsant un petit hélicoptère par micro-ondes. Dans les installations de la NASA, au Deep Space Antenna Facility à Goldstone en Californie, on fit en 1975 la démonstration d'un système complet de radiotransmission de l'énergie : un faisceau micro-ondes d'une fréquence de 2,45 GHz transmit 30 kilowatts jusqu'à une antenne de réception plane équipée de redresseurs de micro-ondes, distante de 1,5 kilomètre. Le faisceau micro-ondes fut converti directement en électricité avec un rendement moyen de 82 %.

Dans le cadre du programme dénommé Plateforme stationnaire de relais à haute altitude, le ministère canadien des Communications démontre, en 1987, qu'un avion peut se maintenir en altitude indéfiniment quand il est alimenté par un faisceau de micro-ondes contrôlé. Au Japon, plusieurs projets testés dans le contexte du programme de développement de la radiotransmission de l'énergie, se sont avérés des succès, y compris la radiotransmission de l'énergie à un petit avion (1992), la radiotransmission d'énergie à partir d'une fusée jusqu'à un satellite lancé lui-même d'une fusée (1993) et la radiotransmission d'énergie à un dirigeable (1996). Aux États-Unis, entre 1975 et 1980, un programme conjoint de la NASA et du département ministériel de l'Énergie, consacré au développement de concepts de systèmes de génération spatiale d'énergie ainsi qu'à leur évaluation, a permis d'étudier la radiotransmission de l'énergie par micro-ondes et par faisceau laser dans le spectre électromagnétique. Les résultats positifs de ce programme, qui comportait également des évaluations techniques, économiques et sociologiques de ces nouveaux concepts, furent remarqués par d'autres organisations comme l'Institute of Space and Astronautical Science au Japon, l'Agence européenne pour l'espace et Eurospace, des universités ainsi que des instituts canadiens, chinois, indiens, russes et ukrainiens.

Le satellite géostationnaire de relais électrique (PRS) représente une étape intermédiaire vers l'utilisation de la radiotransmission de l'énergie puisqu'il est conçu pour réfléchir un rayon de micro-ondes

267. À l'origine exclusivement prévus pour l'astronautique, les systèmes photovoltaïques ont été ensuite utilisés sur terre au profit de l'humanité. Cet esprit de coopération est illustré par la navette spatiale américaine **Atlantis** *s'arrimant au module* **Kristall** *de la station soviétique* **Mir.** *Interprétation technique de l'événement réalisée par John Frassanito and Associates pour la NASA, Washington D.C.*

268. Symbole solaire américain.

269

projeté à des distances intercontinentales, d'un transmetteur donné vers un récepteur situé en un lieu déterminé. Ce concept a été exploré par la Communauté européenne de Bruxelles en 1991 et 1992. Placé en position orbitale géostationnaire dans le plan équatorial, ce satellite constitue un intermédiaire entre un site d'émission d'énergie renouvelable important et un réseau électrique éloigné afin de répondre aux besoins en permettant, par exemple, de transmettre du courant de l'Australie vers l'Inde, ou de l'Amérique du Sud vers l'Europe. Dans ce système, l'électricité alimente des générateurs de micro-ondes intégrés à une antenne réseaux plane à commande de phase qui transmet les micro-ondes en faisceau cohérent jusqu'au réflecteur installé dans le satellite de relais. Le réflecteur renvoie le faisceau vers l'endroit voulu du globe où il est converti en électricité et vient alimenter le réseau. L'antenne de réception peut être installée sur la terre ferme ou en mer, sur une plate-forme flottante.

Le satellite, placé sur orbite, peut également porter un gros convertisseur hélio-thermique ou photovoltaïque et émettre l'énergie solaire captée dans l'espace vers un récepteur sur terre. L'installation de capteurs dans l'espace offrirait un rendement beaucoup plus élevé que n'importe quel site terrestre. La NASA s'est engagée dans des études de grande envergure sur les technologies, les concepts de systèmes et les marchés terrestres que pourraient alimenter les systèmes de génération solaire spatiale, centrale électrique spatiale comprise (1995-1996). Dans le contexte du marché mondial de l'énergie du XXIe siècle, environ 30 concepts de centrale solaire spatiale ont été examinés. Une étude de marché préliminaire et des analyses économiques ont fourni des résultats très prometteurs. Une ébauche a été proposée quant à la manière dont les concepts et les technologies de centrales électriques spatiales pourraient être explorés dans l'avenir. Des progrès significatifs s'en sont ensuivis dans le secteur des technologies applicables, aboutissant à une meilleure économie du système et à des réductions importantes de l'impact

269. Dans le concept des centrales solaires géostationnaires (SPS), les systèmes photovoltaïques convertissent directement l'énergie solaire en électricité qu'ils transmettent à des générateurs de micro-ondes intégrés à une antenne-réseaux plane de transmission à commande de phase. L'antenne dirige ensuite le rayon à très faible densité énergétique vers une ou plusieurs stations réceptrices terrestres.

270

sur l'environnement par rapport aux autres sources d'énergie exploitées actuellement.

La centrale solaire géostationnaire pourrait s'avérer être une solution extraordinaire pour préserver l'environnement planétaire et, à ce titre, semble promise à un avenir prospère, son avantage le plus significatif étant, dans le cadre d'une communication universelle, sa capacité à générer du courant en permanence à partir de satellites géostationnaires. Il est de plus en plus envisageable qu'au XXIe siècle les centrales électriques spatiales soient, à l'échelle mondiale, amenées à jouer un rôle déterminant dans l'infrastructure d'alimentation énergétique avec des bénéfices à long terme pour les populations du globe. Les Nations unies et leurs agences ont développé un cadre légal, une réglementation et détiennent la légitimité politique pour faire en sorte qu'un réel effort international soit réalisé en faveur du développement et de la mise en œuvre des centrales électriques spatiales. Aujourd'hui, le défi ne consiste pas seulement à parvenir à une évaluation non biaisée des options viables susceptibles de répondre aux besoins d'énergie de populations ayant atteint des stades de développement différents, mais à reconnaître aussi qu'il pourrait bien ne rester que peu de temps – quelques décennies – pour franchir la frontière de l'espace afin que soient exploités les avantages de l'énergie solaire qui y serait convertie pour être transmise vers la terre. Les coûts considérables des programmes spatiaux de la NASA seraient parfaitement justifiés si une partie des fonds était affectée au développement de systèmes de génération d'énergie du même ordre que celui que représente la transmission de l'énergie solaire dans l'espace.

271

270. Les antennes de réception terrestres consistent en des rectificateurs de micro-ondes produits massivement et montés sur une structure ouverte grillagée. Leur transparence au soleil peut atteindre 70 %, ce qui permet au sol situé au-dessous de l'antenne de rester utilisable.

271. Symbole solaire japonais.

La culture de l'hélio-technologie

On attribue à la prêtresse akkadienne Enkheduena – l'auteur le plus ancien de l'humanité (environ 2300 av. J.-C.) – la conception d'un modèle du paradis comme « le lieu où le soleil se lève », un concept dont les origines remontent sans doute à quelque quatre millions d'années, lorsque les premiers ancêtres de Mâui-Akamai apprirent à marcher sur leurs deux pieds et regardèrent avec effroi le soleil qui illumine la terre de sa lumière et de sa chaleur, dispensatrices de vie. Le soleil produit, en effet, tant d'énergie qu'on en est troublé : s'il était enveloppé d'une carapace de glace de douze mètres d'épaisseur, celle-ci fondrait en moins d'une minute. De plus, la quantité d'énergie solaire émise annuellement vers la terre est dix fois supérieure à celle des réserves cumulées d'uranium et de combustibles fossiles. Ainsi, l'utilisation rationnelle et économique de l'énergie solaire dérivée de la biomasse, l'électricité thermosolaire et photovoltaïque, la géothermie, l'énergie éolienne et celle des océans, la petite hydroélectricité et l'hydrogène (sans fusion) pourrait aisément suffire à couvrir les besoins mondiaux d'énergie.

Au XIIIe siècle, avec la découverte accidentelle de l'aimant et de ses propriétés électromagnétiques dont découla la production de l'électricité (par diverses méthodes, effet photovoltaïque de l'énergie solaire inclus), un nouveau chapitre s'est ouvert dans la quête de Mâui-Akamai pour s'emparer du pouvoir du soleil. Cette découverte est, en effet, l'aboutissement de ses tentatives pour le capturer au lasso au-dessus de « la maison du soleil », le grand volcan Haleakalâ. Dans un contexte moderne, cette maison du soleil est représentée par des sites comme les cols californiens d'Altamont, les chaînes Tarifa en Espagne, les vallées de la Muppandal en Inde où des milliers d'éoliennes produisent de l'électricité. Par conséquent, la mère de Mâui, Hina-a-Kéahi, lave et sèche maintenant le *kapa* de son fils en machine, elle conserve sa nourriture au réfrigérateur tandis qu'elle regarde la télévision et écoute les dernières informations à la radio. Sa qualité de vie s'est améliorée et elle a entraîné des émules qui aspirent à imiter son mode de vie, non seulement dans les pays en développement où grand nombre de systèmes photovoltaïques et thermiques individuels et collectifs ont été installés, mais aussi dans les pays industria-

274

272

272. *« Le soleil est le plus grand de tous les feux terrestres visibles » déclarait Zoroastre vers 628-551 av. J.-C. Cette lanterne « écologique » du Ier siècle av. J.-C., du palais de Changxin, est montée sur une base rotative de façon à éclairer dans différentes directions et sa fumée est absorbée par l'eau contenue dans le corps de la statuette qui lui sert de socle lorsqu'elle en traverse le bras. Lampe exhumée d'une tombe Han, en 1969, province du Hebei, Chine.*

273. *Symbole solaire indien employé lors de la célébration de fêtes et d'événements culturels.*

274. *Peintures rupestres du début de l'âge du bronze montrant l'énergie solaire sous la forme de cercles concentriques, de chevaux et de bateaux, Ekenberg, Suède.*

275

276

lisés comme les États-Unis, où a été lancée la campagne du Million de Toitures solaires ou encore comme l'Allemagne avec le programme BMFT consistant en l'installation de panneaux solaires connectés au réseau sur les bâtiments résidentiels et commerciaux.

Originellement destinés exclusivement à l'astronautique, les systèmes photovoltaïques n'ont pas seulement été apportés sur terre grâce au « lasso scientifique » de Mâui-Akamai, mais ils se sont mêlés aux racines culturelles que symbolise le vieil arbre *wiliwili* de la maison de sa grand-mère. La reconnaissance de la relation soleil-arbre est universelle. On l'associe à la protection de l'environnement. D'ailleurs, comme elle assure la pérennité de la vie, en Inde, dans les régions arides du Radjasthan, elle est une profession de foi pour les Bichnoïs de blanc vêtus qui adorent Vishnu. Ce sont eux qui instaurèrent le *chipko* – le mouvement « d'étreinte des arbres » – il y a quelque 250 ans, au moment où les villageois de leur communauté s'opposaient vaillamment à leur abattage par les soldats du maharadjah de Jaïpur. Ces derniers taillèrent en pièces 363 Bishnoïs ainsi que leur héroïque instigatrice, Amrita Devi, ce qui la rendit légendaire au même titre que Daphné métamorphosée en laurier (l'arbuste sacré d'Apollon, dieu grec du soleil).

Le contexte social dans lequel un cacique du Panamá explique pourquoi c'est de l'eau de pluie (et non de l'eau distillée, non accessible sur place) qu'il faut utiliser dans la batterie du panneau solaire de sa hutte est simple : « Son pouvoir vient du dieu soleil ; par conséquent, l'eau utilisée pour le système doit, elle aussi, venir du ciel. »

Les Amérindiens de l'ouest du Mexique commencent à nettoyer et à chauler leurs huttes, moins pour en optimiser l'ensoleillement que pour rendre hommage au dieu soleil qui bénit leurs maisons. En croyant que l'éclairage solaire qu'on vient d'installer chez lui contribue à protéger ses enfants de la maladie, un Indien Navajo des États-Unis fait écho à la tradition des aborigènes australiens des antipodes. Les paysans du sud de l'Asie montrent un certain respect pour les projets solaires développés dans leur région, lorsqu'on les assimile à leur panthéon local : Surya (le soleil), Vayu (le vent), Agni (le feu), Varuna (déité des océans et des rivières) et Indra (le dieu du vent). La fascination qu'exer-

275. Enfant vêtu d'un gilet décoré de motifs solaires traditionnels posant devant l'un des 288 panneaux photovoltaïques de la station solaire de Kankoi (56 watts), dans la vallée de Bunair, au Pakistan.

276. Enfants chinois à l'école de l'énergie solaire du district de Mancheng observant l'éclipse totale du soleil du 9 mars 1997 sur un téléviseur alimenté au photovoltaïque.

277

280

278

279

281

L'énergie solaire a ouvert les portes de nombreuses écoles à des enfants jusqu'ici privés d'éducation et d'avenir. 277. Enfants indonésiens étudiant à la bibliothèque scolaire de Bulak Baru, un village éclairé par turbines éoliennes. 278. Enfants indiens jouant avec l'eau d'une pompe solaire. 279. À Helsinki, enfants de différentes nationalités étudiant ensemble autour d'une lampe solaire. 280. Enfants japonais jouant avec une fleur de tournesol en papier à la maternelle de Fukumine, sur l'île de Miyako, intégralement alimentée en électricité par un circuit photovoltaïque. 281. Professeur australien et ses élèves à l'école communautaire aborigène d'Ipolera, équipée d'un système photovoltaïque. 282. Enfants finlandais jouant au village solaire de Kerava près d'Helsinki.

282

285

283

284

286

283. Enfants japonais déjeunant sous quelques-uns des 80 tubes lumineux solaires installés à la maternelle de Fukumine en plus des réfrigérateurs, des téléviseurs, etc. 284. Devant les 280 panneaux photovoltaïques de la station solaire de Kankoi, agriculteur de la vallée de Bunair, au Pakistan, montrant à son fils comment semer. 285. Enfants aborigènes avec leur enseignant en énergie solaire à Alice Springs, Australie. 286. Au Radjasthan, ces fillettes du village de Kadampura, dépourvu d'électricité, n'ont jamais pu être scolarisées jusqu'à ce que l'installation récente d'un éclairage photovoltaïque leur permette de suivre des cours du soir.

287

287. Femme mexicaine de San Juan Cancuc, près de la ville historique de San Cristobal de las Casas, État de Chiapas, en route vers son village. Elle transporte un panneau photovoltaïque sur son dos et un enfant accroché à son cou.

cent les moulins en Europe, illustrée par les chefs-d'œuvre des artistes de la Renaissance, les œuvres de Van Gogh, ou le *Don Quichotte* de Cervantès, montre qu'il existe indéniablement un lien entre culture et énergie solaire renouvelable.

Malheureusement, la déité polynésienne n'a pas encore vu l'avènement de l'Âge d'or ou de l'Âge vert de l'énergie solaire, stade final de la séquence pierre-bronze-fer. Elle est privée de l'heureux dénouement de sa saga enchantée, avant tout à cause de la croissance exponentielle de la population mondiale. Mâui-Akamai ne se serait pas trouvé dans cette situation s'il avait tenu compte de l'équation qui détermine la croissance démographique et l'énergie : toute croissance de population exige des efforts correspondants pour produire davantage d'énergie et les bénéfices sociaux et économiques de la société sont proportionnels aux surplus d'énergie fournis, de même que la pauvreté est engendrée par des déficits d'énergie. Mâui-Akamai a négligé la théorie du contrôle démographique de Thomas Robert Malthus qui, il y a environ cent cinquante ans, exposait avec justesse dans son *Essai sur le Principe de Population* l'idée selon laquelle « comme le taux de croissance démographique est un rapport géométrique, tandis que l'augmentation des ressources alimentaires repose seulement sur un rapport arithmétique, le résultat se traduit par la misère et la mort des pauvres, à moins que l'on ne contrôle la croissance démographique ».

La validité de l'hypothèse de Malthus apparaît maintenant de façon évidente, puisque l'énergie produite dans l'ensemble du monde est largement inférieure à celle que consomment les populations toujours plus nombreuses de la planète qui sont passées de 1,5 milliard en 1900 à plus de 5,3 milliards actuellement. À ce rythme, la population du globe devrait atteindre 6,25 milliards d'individus en l'an 2000, puis 9 milliards en 2025. C'est aussi la raison pour laquelle les pauvres ont davantage d'enfants, car lorsque ces gens – également dépourvus d'instruction – n'ont pas accès à l'énergie utilisable, ils

288

289

288. Les paysans du village indien de Kalyanpur dans l'Uttar Pradesh peuvent cuisiner après le coucher du soleil depuis qu'une station photovoltaïque de 100 kilowatts a été mise en service en 1993. Elle alimente les 450 lampes, 65 réverbères et 15 pompes à eau des 400 familles.

289. Dans cette région reculée de la Mongolie-Intérieure, la femme d'un berger pose avec son enfant en face d'un panneau photovoltaïque de 200 watts, utilisé alternativement pour alimenter trois ampoules électriques, un téléviseur, un petit lave-linge et un réfrigérateur.

290

recourent à l'expédient ancestral qui consiste à multiplier l'énergie musculaire en augmentant la taille de la famille. Et Mâui-Akamai de s'étonner de ce que personne n'ait eu le courage de concevoir des moyens de mesurer l'effroyable étendue de ce déficit énergétique qui prive des millions de gens de leur emploi, ou de faire la somme de tout le travail non rémunéré et occulté des femmes, qui constituent pratiquement la moitié de la population mondiale.

Qui plus est, richesse et consommation d'énergie n'étant que les deux faces de la même médaille, l'inégalité dans la distribution de l'énergie a provoqué des disparités de revenus inacceptables entre les plus riches et les plus pauvres qui représentent respectivement 20 % de la population mondiale. L'écart a plus que doublé ces trente dernières années, passant du rapport de 30 à 1 à celui de 60 à 1. Entre les années 1960 et 1993, la disparité des revenus par habitant entre pays industrialisés et pays en développement a presque triplé. Tandis que, dans 15 pays, la

290. Pour les 70 % de la population africaine rurale, le bois, les résidus agricoles et les déjections animales sont des sources d'énergie tirée de la biomasse totalement dépendantes de l'eau. Ici, une ferme irriguée par une pompe solaire dans la province de Mande, au Mali.

291

croissance économique et énergétique a fait un bond ces trois dernières décennies, 1,6 milliard de personnes réparties dans plus de 100 pays ont vu leurs conditions de vie se dégrader, leur situation étant aujourd'hui pire qu'il y a 15 ans. 2,4 milliards de gens sont dépourvus du confort le plus élémentaire comme l'électricité. La révolution de l'information va inéluctablement rendre les gens plus conscients de l'effroyable fossé qui s'est creusé entre les nantis et les autres et les conséquences en seront désastreuses, à moins qu'un système d'exploitation de l'énergie plus équitable ne soit mis en place au plus vite.

La migration sauvage de populations rurales désespérées vers des mégalopoles énergétiquement exsangues est une autre conséquence dangereuse du déficit énergétique consécutif à l'explosion démographique. Parallèlement, dans les pays en développement, les citadins sans travail émigrent en nombre croissant vers les nations industrialisées avec, pour

291. Ce couple péruvien vivant sur l'île flottante ensoleillée d'Uros, sur le lac Titicaca, utilise un panneau photovoltaïque installé sur une des huttes pendant que l'énergie thermique du soleil sèche du poisson sur un toit voisin.

résultat, la multiplication par cinq des populations citadines entre 1950 et 1990. Selon les estimations, s'il n'est pas mis un terme à la migration actuelle de 150 000 personnes par jour vers les cités, aux environs de l'an 2000, plus de la moitié de la population mondiale sera concentrée dans les villes. Les projections des Nations unies sur la croissance de la population urbaine montrent qu'en 2025, la population égyptienne sera passée de 51 à 94 millions, celle du Nigeria de 105 à 301 millions, celle du Mexique de 85 à 150 millions, et celle de l'Inde de 950 millions à près de 1,5 milliard, équivalente aux estimations concernant la Chine. Le message est clair : si les efforts en matière de planning familial ne sont pas plus énergiques, la population mondiale pourrait atteindre 14 milliards à la fin du siècle prochain, neuf personnes sur dix vivant dans les pays du tiers-monde avec un accroissement proportionnel de la pauvreté et de la misère.

Selon les rapports de la Banque mondiale, la pauvreté accablante dans laquelle survit un tiers de la population mondiale avec un revenu limité à un dollar par jour est lourde de conséquences socio-économiques et politiques. La pénurie de sources d'énergie capables de répondre aux besoins suscités par une telle explosion démographique entraîne misère et désespoir qu'exploitent des dictateurs sans scrupules et des fondamentalistes religieux, tandis que la pression causée par l'immigration alimente les mouvements fascistes et néo-nazis. L'animosité tribale n'est pas seule responsable du génocide ruandais dans lequel des dizaines de milliers d'hommes, de femmes et d'enfants furent massacrés puisque, depuis des siècles, les Hutus et les Tutsis vivent en bonne intelligence et se marient ensemble. Ce génocide est avant tout la conséquence de la faillite du système énergétique dont dépend la survie de ce petit pays surpeuplé.

L'énergie du soleil est la seule source d'énergie renouvelable susceptible de répondre aux besoins élémentaires et de créer des conditions de vie suffisamment supportables pour persuader plus de deux milliards de pauvres gens dans le monde de ne pas abandonner leurs racines pour courir après l'insaisissable chimère de la prospérité urbaine. Dans ce but, les projets à petite échelle, disséminés dans des zones rurales, ont un rôle fondamental à jouer pour stabiliser la croissance démographique et arrêter la ruée irrationnelle vers les villes. En vertu de leur nature régionale, décentralisée et interactive, les projets d'énergie solaire réalisés avec des crédits minimes sont intrinsèquement démocratiques. Ils tendent à créer de nouvelles structures coopératives qui vont à l'encontre de la centralisation du pouvoir dans quelques mains autoritaristes contrôlant des projets gigantesques. Ils sont l'antithèse de l'antagonisme aliénant entre producteurs et consommateurs, entre la maîtrise technique des gestionnaires et la sagesse traditionnelle de l'homme moyen, entre la culture et la science elle-même qui est essentiellement un épiphénomène de l'énergie, contemporaine de la révolution industrielle.

Les méthodes traditionnelles d'exploitation de l'énergie solaire rendent les populations fières de leur identité culturelle et encouragent les individus à respecter les règles de la vie en communauté dans un monde interdépendant où libertés individuelles et obligations collectives envers la vie humaine et animale sont indissociables. C'est ce que les Japonais expriment par le concept shintoïste de *kami* représentant les déités de la terre et des cieux, lesquelles, dans les textes anciens, apparaissent simultanément comme des êtres humains, des oiseaux, des animaux, des plantes, des océans, des montagnes, des pierres, des arbres, de l'eau, etc. inhérents à l'équilibre écologique du tissu universel de la nature dans lequel toutes choses sont tissées. Dans le concept persan Pahlavi de la genèse, l'humanité occupe, dans l'ordre de la nature, le statut hiérarchiquement le plus bas, avec : le soleil (le ciel), l'eau, la terre, les plantes, les animaux (le bétail) et finalement l'homme, reformulant par cette classification les obligations fondamentales de l'humanité envers les sources d'énergie solaires durables.

C'est aussi la morale du conte tout simple de Mâui-Akamai qui réclame l'accès à l'énergie solaire renouvelable pour la pérennité de la vie et la sauvegarde de l'en-

292

292. Avec peu d'aide gouvernementale, quelques compagnies privées américaines ont installé des systèmes photovoltaïques dans les habitations amérindiennes comme celle de ce couple navajo, dans le Colorado. La compagnie a maintenant étendu ses activités aux Caraïbes, suppléant aux efforts d'associations dont les crédits renouvelables ont permis d'équiper en électricité solaire plus de 2 000 maisons d'Hidalgo, en République Dominicaine, depuis 1984.

293

vironnement, menacées par l'explosion démographique, la perte des valeurs morales et les extrémismes religieux et ethniques. Cette morale nous enseigne que seule l'utilisation de l'hélio-technologie nous permettra de recréer le rythme de la nature dont le flux se répand à travers la biosphère, élément de la vie détruit par l'exploitation excessive des combustibles fossiles depuis la révolution industrielle. Tirer des leçons du passé peut nous aider à préparer l'avenir en agissant dans le présent pendant qu'il en est encore temps et que perdurent des opportunités de forger le futur avec des projets d'énergie solaire soigneusement conçus et correctement financés. Pour que notre « village mondial » reste un domicile habitable pour l'humanité, la seule voie est la préservation de l'équilibre écologique de la planète par l'utilisation de l'énergie renouvelable du soleil qui nourrit toute forme de vie sur terre.

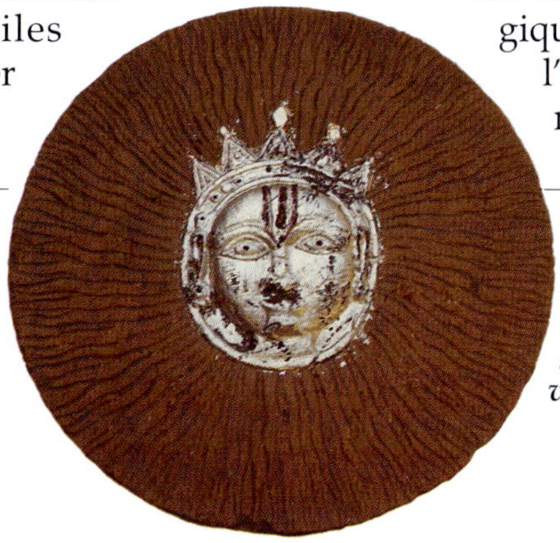

294

***293-294.** Une caravane transportant des panneaux photovoltaïques arrive à la ville historique de Jaisalmer, en Inde. Son imposant fort du XIIe siècle est doté de deux portes : Surya-dwar (la porte du Soleil) et Vayu-dwar (la porte du Vent). Lors des fêtes annuelles qui célèbrent le* **shakti** *(énergie) du soleil et du vent à Surya-dwar, on vénère une image du soleil.*

La montée des problèmes planétaires globaux, épuisement des ressources ou dégradation de l'environnement, n'appelle pas nécessairement une réponse globale. On a pu constater la complexité croissante du système énergétique mondial dans lequel chaque nouvelle forme d'énergie est venue s'ajouter aux précédentes. Il y eut et il continuera à y avoir des substitutions, mais elles restent partielles. Le charbon n'a pas éliminé le bois de feu, le pétrole a conquis la première place, le gaz puis le nucléaire sont venus s'y ajouter. Il est vraisemblable qu'il en sera de même pour l'énergie solaire qui trouve peu à peu ses domaines d'application au côté des autres énergies.

De plus, le développement démographique et économique du monde est tel que la maîtrise des consommations d'énergie est indispensable à un développement durable. Sans elle, les ressources de toute nature s'épuiseraient rapidement et les émissions de polluants auraient vite fait d'entraîner des bouleversements irrémédiables de l'environnement. Heureusement, progrès technique et efficacité énergétique vont souvent de pair. La généralisation, dans tous les secteurs d'activité, des techniques actuelles et futures les moins gourmandes en énergie pourrait contribuer notablement à un développement mondial équilibré.

Dans cette perspective, les progrès déjà réalisés et les nouvelles recherches à mener dans le domaine de l'énergie solaire contribuent à dessiner un avenir énergétique durable associant efficacité énergétique et énergies renouvelables.

D'après Benjamin Dessus et François Pharabod
dans *l'Énergie Solaire*

Crédits photographiques

ŒUVRES D'ART

Les chiffres renvoient aux numéros des légendes

ABC - Mondrian Estate Holtzman Trust, New York, Haags Gemeentemuseum, La Haye, Pays-Bas : 100 ; Galerie Borghese, Rome, Italie : 14 ; British-India Office Library, Londres, Angleterre : 25 ; British Museum, Londres, Angleterre : 15, 16 ; Conservatoire national des Arts et Métiers, Paris, France : 161 ; Gravures sur bois de Dietrich Varez du livre *Mâui*. Bishop Museum, Honolulu, Hawaii : 6 ; Collection Elizabeth Schultz, Lawrence, Kansas, États-Unis : 139 ; Illustrations de G. Pouw, Zaandam, Pays-Bas : 70 ; Musée du Louvre, Réunion des Musées nationaux, Paris, France : 13, 68, 120 ; Musée des Antiquités nationales, Saint-Germain-en-Laye. Réunion des Musées nationaux, Paris, France : 19 ; National Gallery of Art, Washington D.C., États-Unis : 180 ; Musée national, Copenhague, Danemark : 26 ; Musée national de Corée, Séoul, Corée du Sud : 119 ; Observatoire de Paris, France : 162 ; Rijksmuseum, Amsterdam, Pays-Bas : 72, 73, 75, 93, 95 ; Riksantikvarieambetet, Stockholm, Suède : 274 ; Sotheby's, New York, États-Unis : 174 ; Stanley Collection of African Art. University of Iowa Museum of Art, Iowa City, États-Unis : 11 ; Musée de l'Université de Sungjon, Corée du Sud : 156 ; Musée des Offices, Florence, Italie : 122 ; Musée Van Gogh, Amsterdam, Pays-Bas : 42 ;

PHOTOS

Maurice Aeschimann, Genève, Suisse : 2, 34 ; Karidin Akmataliyev, Frounze, Kirghizistan : 12 ; William H. Avery, The John Hopkins University, Laurel, États-Unis : 134, 138 ; H. Baranger, Photothèque EDF, La Richardais, France : 133 ; Linda Bercusson, Christchurch, Nouvelle-Zélande : 89 ; Michel Brigaud, Photothèque EDF, La Richardais, France : 132 ; Rémy Delacloche, Fondation Énergies pour le Monde, Paris, France : 1, 5, 113, 221, 290 ; Steven Andre Dibner, San Francisco, États-Unis : 291 ; Nejat Diyarbrkirli, Istanbul, Turquie : 38 ; Ben Gibson / Kate - Cosmos, Paris, France : 31 ; Peter E. Glaser, Cambridge, MA, États-Unis : 269, 270 ; A. Goetzberger, Fribourg, Allemagne : 239, 266 ; Rafn Hafnfjörd, Reykjavík, Islande : 146, 147, 148, 149 ; Flemming Hagensen, Riso National Laboratory, Roskilde, Danemark : 86, 87 ; Mike Jackson Border Wind Ltd, Angleterre : 88 ; Toshio Jo, Asahi Evening News, Tokyo, Japon : 224, 225 ; Eiji Kitada, Koganei, Tokyo, Japon : 187 ; François Kronenberger, Strasbourg, France : 259 ; Larry Lee - Cosmos, Paris, France : 30, 171 ; Even Mehlum, SINTEF, Oslo, Norvège : 128 ; Pavan Mehta, New-Delhi, Inde : 205 ; Peter Menzel - Cosmos, Paris, France : 30, 171 ; Khojeste Mistree - Zoroastrian Studies, Bombay, Inde : 154 ; S.O'Dowd, Christchurch, Nouvelle-Zélande : 212 ; Claude Pauquet, Photothèque EDF, La Richardais, France : 131 ; Jan L. Perkowski, New York, États-Unis : 17 ; François Pharabod, Paris, France : 169 ; Roger H. Ressmeyer - Starlight / Cosmos, Paris, France : 81, 140, 152, 172, 254 ; Riesjard Schropp - NOVEM, (Communauté européenne Programme Thermie), Utrecht, Pays-Bas : 59, 117, 175, 176, 177, 178, 179, 195, 196, 203, 207, 208, 210, 215, 226, 227, 228, 233, 240, 241, 243 ; Madanjeet Singh, Paris, France : 3, 4, 7, 14, 15, 16, 18, 20, 21, 22, 23, 24, 32, 33, 35, 36, 39, 40, 41, 45, 46, 47, 48, 49, 50, 55, 56, 58, 64, 77, 78, 79, 80, 82, 83, 90, 91, 92, 94, 96, 102, 109, 110, 111, 114, 115, 116, 118, 136, 141, 155, 158, 159, 160, 163, 165, 166, 167, 168, 170, 182, 184, 185, 186, 188, 189, 190, 191, 194, 204, 206, 211, 222, 230, 231, 232, 233, 234, 235, 236, 237, 238, 246, 247, 248, 249, 250, 251, 253, 257, 268, 271, 272, 273, 275, 276, 277, 278, 279, 280, 281, 282, 283, 284, 285, 286, 288, 289, 292, 293, 294 ; Duby Tal, Tel-Aviv, Israël, 164 ; Hua Tao, Nankin, Chine : 29 ; Vladimir Terebin, Saint-Pétersbourg, Russie : 27 ; Sheila Terry - Science Photo Library, Londres, Angleterre : 28 ; J.L.J. Tersteeg, Rotterdam, Pays-Bas : 71, 76, 97, 98, 99 ; Akira Ueda, OM Solar Association, Hamamatsu City, Japon : 197, 198, 199 ; Francesco Venturi KEA Publishing, Londres, Angleterre : 10 ; Jacques Verroust, Paris, France : 8, 9 ; Duncan Willetts - Cosmos, Paris, France : 183 ; Sarab Zavaleta, New York, États-Unis : 181.

INSTITUTIONS

Adam Éditions, Athènes, Grèce : 65 ; Comité d'Action pour le Solaire, Paris, France : 202 ; Commonwealth Department of Energy, Canberra, Australie : 244 ; Daimler-Benz AG, Stuttgart, Allemagne : 252, 255, 256 ; Energy Conversion Devices Inc. Troy, Michigan, États-Unis : 209 ; Energy, Resources, and Technology Division, Honolulu, Hawaii, États-Unis : 37, 52, 53, 54, 60, 101, 112, 135, 137, 153, 229, 245, 263 ; Fjellanger Wilderoe A.S, Oslo, Norvège : 121 ; Hans Grohe, Schiltach, Allemagne : 200 ; Honda Motor Company, Tokyo, Japon : 260 ; Hydro Québec, Montréal, Canada : 104 ; Itaipù Binacional, Rio de Janeiro, Brésil : 103, 105, 106 ; Jet Propulsion Laboratory, California Institute of Technology, Pasadena, États-Unis : 173 ; Kvaerner A.S, Oslo, Norvège : 123, 124 ; NASA, Washington DC, États-Unis : 267 ; NEDO, Tokyo, Japon : 129, 130, 143, 144, 145, 150 ; Neste Advanced Power Systems, Helsinki, Finlande : 85, 193 ; Noedtank Energy Group, Danemark : 84 ; Norwave A.S., Oslo, Norvège : 125, 126, 127 ; Rehia Photo Library Ruawae Northland, Nouvelle-Zélande : 258 ; Riso National Laboratory, Roskilde, Danemark : 66, 67, 74 ; Temple shintoïste, Isé, Japon : 43, 44, 157 ; Siemens Solar Industries, Camarillo, États-Unis : 213, 242, 264 ; Photovoltaïque Suisse - Tour, Genève, Suisse : 201 ; UKAEA, Londres, Angleterre : 107, 108 ; Union Fenosa, Madrid, Espagne : 63 ; United Solar Systems Corp. San Diego, États-Unis : 192, 262, 287 ; Weizmann Institute of Science, Rehovot, Israël : 265 ; ZREU - (Communauté européenne Programme Thermie), Regensburg, Allemagne : 51, 57, 61, 62.

Index

Les numéros de page en *italique* se réfèrent aux illustrations

Les unités de puissance

En dépit de l'usage indifférencié généralement réservé aux termes « énergie » et « puissance », chacun possède pourtant une acception propre et non interchangeable. En effet, l'énergie se définit comme la capacité d'effectuer un travail, comme, par exemple, soulever un objet sur une certaine distance ou encore chauffer une substance. La puissance, en revanche, est la quantité de travail effectuée en un temps donné. Le kilowattheure est une unité de puissance généralement employée pour décrire la quantité d'énergie développée ou consommée dans des situations normales comme c'est le cas lorsqu'elle est consommée pour chauffer, refroidir ou encore éclairer une maison ou des bureaux. Le kilowatt est l'unité de puissance la plus communément usitée pour décrire les situations ci-dessus.

La définition précise d'un kilowattheure étant quelque peu abstraite, on peut imaginer cette unité de puissance comme la quantité d'énergie nécessaire pour éclairer dix ampoules de cent watts une heure durant. Quant au kilowatt, c'est la vitesse, le rythme auquel l'énergie est consommée pour éclairer ces mêmes ampoules.

Les termes mégawatt (1 million de watts) et gigawatt (1 milliard de watts) sont généralement utilisés pour décrire la capacité de production des centrales électriques. Une grande centrale au charbon ou thermonucléaire peut avoir une puissance de 1 000 mégawatts, par exemple, et produire 8,76 milliards de kilowattheures en un an si elle fonctionne en continu et à plein rendement pendant toute cette durée.

Achevé d'imprimer
en février 1998
sur les presses d'Amilcare Pizzi, Milan
Imprimé en Italie